U0807858

生物化学与分子生物学实验指导

主　　编　杨奕樱
副主编　张　曼　徐昌君
其他编委　王永萍　潘　春　胡婧晔
尹艾荟　李君兰

科学出版社
北　京

内 容 简 介

为了体观生物化学与分子生物学实验的基础性、综合性和创新性，本书实验安排如下。基础性实验部分主要包括血清蛋白质电泳、酶的活性测定、血糖的测定、血清甘油三酯及总胆固醇的测定等几方面的内容，巩固了学生对生物化学基本理论知识的理解和认识；分子生物学实验部分主要包括核酸的提取、纯化、鉴定，质粒 DNA 与外源 DNA 的连接，反转录 PCR 等，强调综合实验技能；同时本书还介绍了常用实验仪器的使用原理、方法和注意事项。

本书可以作为高等院校医学、生命科学等专业本科及研究生教材，也可供相关专业人员参考。

图书在版编目（CIP）数据

生物化学与分子生物学实验指导 / 杨奕樱主编. —北京：科学出版社，2019.5

ISBN 978-7-03-060994-6

Ⅰ. ①生… Ⅱ. ①杨… Ⅲ. ①生物化学－实验－高等学校－教学参考资料 ②分子生物学－实验－高等学校－教学参考资料 Ⅳ. ①Q5-33 ②Q7-33

中国版本图书馆 CIP 数据核字（2019）第 068238 号

责任编辑：刘　畅 / 责任校对：杨　赛
责任印制：张　伟 / 封面设计：迷底书装

科 学 出 版 社 出版
北京东黄城根北街 16 号
邮政编码：100717
http://www.sciencep.com

北京盛通商印快线网络科技有限公司 印刷
科学出版社发行　各地新华书店经销
*
2019 年 5 月第　一　版　开本：720 × 1000　1/16
2022 年 1 月第四次印刷　印张：8 1/2
字数：178 000

定价：36.00 元

（如有印装质量问题，我社负责调换）

前　言

近年来，新的医学实验方法不断涌现，技术日新月异，在医学实践中，如何确定疾病的原因，如何在早期发现，如何提高诊断、治疗、研究技术，这些成为医学研究的重要目标。因此，从中医院校中西医结合、中医骨伤、针灸推拿、中药药学、生物制药、康复等专业学生学习的需求考虑，我们编写了本书。

本书遵循全国高等学校教育要求并重视医学专业技术培养目标，充分体现科学性、实用性，注重学生对生物化学及分子生物学的基础知识、基础理论、基础实验技能的学习和掌握，注重对学生学习和创新能力的培养。本书具有一定的广度和深度，主要供具有一定中医药相关理论和实践基础的本科生及研究生使用。

本书涵盖了“生物化学与分子生物学”课程中蛋白质化学、酶、糖代谢、脂代谢等章节中常见的实验技术与方法，如蛋白质电泳、影响酶活性的因素、酶的竞争性抑制作用、葡萄糖氧化酶法测定血糖浓度、血清中甘油三酯的测定等实验，还包括核酸的定量测定、组织 DNA 的提取与鉴定、肝总 RNA 的提取与琼脂糖凝胶电泳鉴定、质粒 DNA 的限制性内切核酸酶消化及鉴定、反转录 PCR、实时荧光定量 PCR 等分子生物学实验，具有全面性、系统性、新颖性等特点，以适应新时代下医学教育教学的需求。

在本书的编写过程中，编者遵循上述指导思想，参阅了国内外同类教材，努力做到教材内容反映本学科的基本内容，使学生更好地掌握生物化学与分子生物学知识。最后感谢为编写本书提供便利和支持的同事们。

本书编者虽投入了极大的热情、花费了大量的时间认真编写，但难免有不妥之处，望各位师生指正。

主　编

2018 年 9 月

目　录

实验须知

【实验目的】

1. 通过实验，加深对生物化学与分子生物学理论知识的理解。

2. 较熟练地掌握生物化学与分子生物学实验基本操作技术。

3. 培养学生具备严谨的科学态度和工作作风，使其分析问题和解决问题的能力逐步提高，为学习医药学专业课程打下基础。

【实验要求】

实验前必须预习本实验指导，复习理论知识，明确当次实验的实验目的、原理、操作关键步骤及注意事项、计划安排、实验时间等。实验时严肃认真，一丝不苟地进行操作，仔细观察和综合分析实验所出现的现象与结果，及时将现象与结果记录下来。实验完毕，将所在实验组的实验台整理干净，清点仪器、试剂，然后请实验指导教师审核签字。

【仪器保管及清洁】

1. 常用仪器在第一次实验时按仪器清单清点，签名后自己负责保管，如有缺损应向教师报告并填写破损单，经教师同意并签名后到实验准备室换领。

2. 贵重仪器如比色计、离心机等必须尽力爱护，使用前熟悉它们的使用方法，严格遵守操作规程，非本次实验贵重仪器，未经教师许可不得乱动。

3. 实验后必须把仪器洗净，按次序放入柜内，以提高工作效率并防止破损。

【实验时注意事项】

1. 遵守实验课纪律，不迟到、不早退，进实验室要穿好实验服，避免给实验带来不可预知的结果，或造成衣服被酸碱腐蚀。

2. 进实验室前准备好实验指导、实验记录本、文具等，其他非实验所需物品严禁带入实验室。

3. 实验室是培养学生独立思考、独立工作的能力及良好科学作风的重要场所，操作务必认真，不得喧哗，严禁用器械及动物开玩笑。实验后要清扫台面、地面，试剂瓶要码放整齐。

4. 爱护公物，节约水、电、试剂，遵守损坏仪器报告、登记、赔偿制度。

5. 保持实验台整洁，试剂、仪器应摆放整齐，按次序放置。实验完毕按各类仪器清洗方法和要求将仪器妥善归置。

6. 应当爱护贵重仪器，如分光光度计、离心机等，使用前熟悉其使用方法，严格遵守操作规程，严禁随意开动。

【试剂使用规则】

1. 使用试剂前，应先仔细辨认试剂瓶标签，看清试剂种类、浓度是否对应本次实验。

2. 取完试剂后，立即将瓶塞盖好，切勿盖错，应放回原处。未用完的试剂不得倒回瓶内。试剂瓶塞、专用吸量管、滴管应与试剂瓶对应，以免错用而污染试剂，造成自己或他人实验失败。

3. 取标准溶液时，应先将其倒入干净的试管中，再用内外洁净吸管从试管中吸取，以免污染标准溶液。

4. 使用滴管时，须滴管尖端朝下，切勿倒置使试剂流入橡皮内，以免污染溶液。

5. 使用有毒试剂及强酸碱时，尽可能用量筒量取，若用吸管时只能用橡皮球吸取，切勿用嘴吸取，以免造成意外。

【安全注意事项】

1. 低沸点有机溶剂，如乙醚、乙醇、丙酮等均为易燃物品，不得直接在火上加热，要用水浴加热，这些物品应远离火源。

2. 凡属发烟或产生有毒气体的实验均应在通风柜内进行，以免产生毒害。

3. 万一发生酸碱灼伤事故，应先用大量的自来水冲洗，然后用饱和 $NaHCO_3$ 溶液中和酸，用饱和 H_3BO_3 溶液中和碱，用 Na_2SO_4 处理氧化剂。

4. 万一发生起火事件，应根据起火性质分别用沙或水等灭火。

5. 离开实验室时，必须关好门窗，切断电源、水源。

【实验室清洁】

1. 实验室、实验台面须经常保持洁净，实验后应擦拭干净，不得随地吐痰、丢纸屑。

2. 实验用过的固体物（如棉花、滤纸、火柴梗等）不要丢在桌上或水池中，应放入废物缸内。

3. 下课时轮流由值日生打扫卫生，经教师检查后，方能离开实验室。

【值日生任务】

1. 搞好实验室卫生，做到仪器、桌面、地面、水池等干净、整洁。
2. 确保安全，关好仪器、门窗、水电。
3. 请指导教师及准备室教师检查后方能离开实验室。

【实验报告】

每次做完实验，须及时整理实验记录，依照规定格式和内容写出实验报告，根据实验结果进行科学分析并交指导教师评阅。报告内容包括实验时间、实验地点、实验名称、实验目的、实验原理、实验试剂与仪器、指导教师、实验操作、实验结果、实验分析、实验结论、思考题等项目。

实验目的、实验原理、实验试剂与仪器及实验操作等只作简明扼要的叙述，不必将本实验指导的内容原版抄录。但对实验条件、操作要点等实验成败的关键环节应作清楚的描述。使用精密仪器进行实验时，还应记录仪器的型号、名称、厂家。

实验结果首先是如实记录实验中观察到的现象及各种原始数据，还包括根据实验要求进行整理、归纳数据后进行计算的过程及计算结果，根据实验数据计算作出的图表（采用三线表）等。

实验分析不是对结果的重述，而是对实验结果、实验方法和异常现象进行解析和评论，以及对实验设计的认识、体会及建议。

一般要有实验结论。结论简单扼要，从而说明本次实验所获得的结果。

实验报告根据以往开设实验的情况，具备封面及报告正文。格式见附录“实验报告格式与内容”。

实验基本操作

生物化学与分子生物学实验中需要多种基本技术操作，如各种玻璃仪器和测量仪器的正确使用、样品混匀、保温、加热、沉淀、过滤和离心等。如果这些操作不规范，将影响实验结果的准确性。因此，要求学生对生物化学与分子生物学实验基本操作加以了解和掌握，是非常重要的。

生物化学与分子生物学实验多用定性及定量分析方法观察物质代谢的规律，必须做到洁净及定量的准确，为做好这一点，我们先介绍一些基本操作，并要求学生反复练习，以达到熟练的程度。

一、玻璃仪器的洗涤

在生物化学与分子生物学实验中，玻璃仪器清洁是获得准确结果重要的一环。洁净玻璃仪器的内壁应十分明亮光洁，无水珠附着在管壁上，下面介绍一些常用的洗涤方法。

1. 一般仪器如烧杯、试管等，可用合成洗涤剂、去污粉等和毛刷仔细刷洗后，再用自来水冲干净。最后用少量的蒸馏水冲洗 2～3 次，倒置晾干或置烘箱烘干后备用。

2. 容量分析仪器如吸量管、容量瓶、滴定管等，不能用毛刷刷洗，可在用毕后即用自来水冲洗，直至不挂水珠，再用少量的蒸馏水冲洗 2～3 次即可晾干备用。若冲洗后的仪器仍挂水珠，则应将其沥干后，再用重铬酸钾洗液浸泡 4～6h，然后用自来水冲洗干净，再用少量蒸馏水冲洗 2～3 次。

3. 比色杯用毕立即用自来水反复冲洗，如有污染物黏附于杯壁，宜用盐酸或适当的溶剂清洗。然后用自来水、蒸馏水冲洗干净。勿用刷子、粗糙布等擦拭。洗净后倒置晾干备用。

4. 新购量器表面常附有游离的碱性物质及泥污，可先用去污粉刷洗再用自来水洗净，然后浸泡在 1%～2%盐酸溶液中过夜（不少于 4h），再进一步洗涤，然后用蒸馏水荡洗 2～3 次，倒置于仪器架上晾干备用。

二、吸量管的使用

吸量管是用来转移一定体积溶液的量器，生物化学与分子生物学实验中常用的吸量管有以下三种。

1. 刻度吸量管：刻度吸量管有 0.1mL、0.2mL、0.5mL、1.0mL、2.0mL、5.0mL、10.0mL 等规格。刻度吸量管又分刻度到尖端和刻度不到尖端两种，使用前需仔细辨认，如使用前者，将液体放出后，应用洗耳球吹出最后留在管内的液体。

2. 移液吸量管：也称容量吸管或胖肚吸管，是一种单一刻度吸管，中间呈圆柱状膨大，为定量移出整量液体之用。有 5mL、10mL、20mL、25mL、50mL 及 100mL 等规格。将所量取液体放出后，只需将移液吸量管尖端触及受器壁约半分钟即可，不得吹出尖端液体。如管壁刻有吹字，则应吹出。

3. 奥氏吸量管：又称欧氏吸管，也是一种单一刻度的吸管，中下部呈球形膨大，故液体与吸量管表面接触面积较小，用于吸取血液及较黏的液体。流放液体时，应让其自然缓慢地流出，减少内壁黏附。若为吹出式，管尖最后一小滴应吹出。有 1.0mL、2.0mL、5.0mL 等规格。

正确使用方法：使用吸量管时，先要看清刻度情况，选择适当容量的吸量管（等于或稍大于所需毫升数）。拿吸量管时，标有刻度的一面正对己侧，以便读取刻度。用右手中指和拇指拿住吸量管上部，把管尖端插入要取液体大约 0.1cm 深处。左手持洗耳球把容器内的液体吸至刻度上方时，立即用右手食指按住吸量管管口，以稳住吸量管内的液体，将吸量管下端提出液面，慢慢松开食指使液面的月弯面最低点下降至所需刻度处（眼睛与刻度线处于同一水平面上），立即用食指堵紧，然后将吸量管插到需加液体容器中，让其尖端与容器内壁靠紧，松开食指让液体流出。液体流完后再等 15s，捻动一下吸量管后移去。

三、定量吸（移）液器

定量吸（移）液器是吸量管的革新产品，使用方便，取、加样迅速，计量准确，不易破损，能吸取多种样品（只换吸嘴即可）。定量吸（移）液器有以下两种类型。

1. 固定式：只能取、加一定容量，不能调节。

2. 可调式：在一定容量范围内可根据需要调节取、加量，如 0～200μL。

四、容量瓶及量筒

容量瓶是一种细长颈梨形平底瓶，具有磨口塞，颈上有标线，表示所示温度（一般为20℃）条件下，当液体充满到标线时，液体体积恰好与瓶上所注明的体积相等。容量瓶有10mL、25mL、50mL、100mL、200mL、250mL、500mL、1000mL、2000mL等规格。使用容量瓶装配制的溶液时，一般是先将固体物质在烧杯中用少量溶剂溶解，然后将溶液沿玻璃棒定量地转移到容量瓶中，烧杯用少量的蒸馏水冲洗2～3次，并注入容量瓶中，再加入溶剂混匀稀释。当稀释至液面接近标线时，应等待1～2min，使附在瓶颈内壁的液体流下，并待液面的小气泡消失后，再用滴管逐滴加入溶剂，使之恰至刻度处，即溶液弯月面下缘最低点和标线相切。然后将其瓶塞塞好，反复倒置摇动数次使其充分混匀。容量瓶不能直接用火加热，水浴加热时不宜骤热和骤冷，也不能置于烘箱烘烤，以免变形而引起容量发生误差。

量筒：所量取液体不用十分精确时可使用量筒，比使用吸管或容量瓶更简便，量筒底座及筒身是一体的，故不能量取过热液体，更不能直接加热，以防炸裂。

五、离心机及其使用方法

离心法是分离沉淀物的一种方法。它是利用离心机转动的离心力，使相对密度较大的沉淀物沉积在管底部，以达到分离的目的。离心机使用方法如下。

1. 检查离心机套管底部垫子，若有玻璃碎片等，必须除去，以免发生破管。

2. 将待离心液体置于离心管或小试管中，并检查离心管（或小试管）的大小与离心机套管是否匹配。

3. 将盛有离心液的离心管分别放入套管中，然后连套管一起分置于托盘天平两侧，通过往离心管与套管间滴加水来调节两边质量使之达到平衡。

4. 将已平衡的两支装有离心管的套管分别放入离心机相互对应的两插孔内，盖上离心机盖。打开电源开关，逐步扭动转速旋钮，缓慢增加离心机转速至所需转速。达到离心所需时间后将转速旋钮逐步回零，待离心机自然停止转动后，取出离心管，关闭电源。

六、溶液的混匀

欲使化学反应充分进行，必须使反应体系内的各种物质迅速地相互接触。溶液混匀可随使用器皿、液体容量而选用下列不同的方法。

1. 旋转混匀法：手持容器作离心旋转，适用于未盛满液体的试管或小口器皿如锥形瓶等。

2. 弹敲混匀法：左手持试管使之直立，右手手指轻弹试管的下部，使管内溶液作旋转流动。

3. 甩动混匀法：是生物化学实验中最常用的方法，适用于试管中液体较少时，具体操作为右手持管上部，将试管轻轻甩动振摇即可将试管内的液体混匀。

4. 吸管混匀法：用清洁的吸管将溶液反复吸放数次，使溶液充分混匀，宜在成倍稀释某种液体时采用。

5. 倒转混匀法：适用于有玻璃塞的瓶子，如容量瓶等。

6. 振荡器混匀法：将需要混合的液体装入容器内（液体约占容器的1/3），手持容器于振荡器的工作台上并启动即可将液体混匀。

7. 搅拌混匀法：适用于烧杯等大口容器所盛溶液的混匀，用玻璃棒搅拌以助溶。

七、保　温

将容器放入恒温水浴箱，调节温度设置钮至所需温度，水浴箱中的水分要充足，实验过程中要随时监测温度，并及时调节。

八、过　滤

过滤的目的是使沉淀物与液体分离。可用滤纸、纱布、抽滤等方法过滤，根据实验要求进行选择。过滤时应注意如下几点。

1. 当定量地收集滤液时，不要预先用水浸湿滤纸，以免影响滤液浓度。

2. 漏斗边缘要比滤纸高出0.5～1.0cm，滤纸锥体的三层放在漏斗出口短的一边，漏斗出口长的一边紧靠容器壁。

3. 漏斗颈的出口不应与溶液接触，更不应将漏斗颈浸在滤液中。

九、加　热

常用的加热方法有两种，一种是试管或其他器皿在酒精灯或电炉等上加热，另一种是在水浴中加热或煮沸，一般根据实验要求，选取相应的加热方法。

实验一　血清蛋白质醋酸纤维素薄膜电泳

【实验目的】

1. 掌握醋酸纤维素薄膜电泳的原理及操作方法。
2. 定量测定人血清中各种蛋白质的百分含量。

【实验原理】

带电颗粒在电场的作用下，向着与其电性相反的电极移动，称为电泳。蛋白质是兼性离子，由于组成各血清蛋白质分子的氨基酸种类和数目不同，因而其相对分子质量和等电点也不同，在同一 pH 下所带的电荷量不同。此外，各种蛋白质的分子形状不同，因而在电场中的泳动速度不同。一般来说，蛋白质分子带的净电荷量越多，分子质量越小，分子形状越趋向于球形，则泳动速度越快，反之则越慢。因此，可以利用速度快慢的不同而将其分开。血清蛋白质颗粒的等电点大部分低于 7，在 pH8.6 缓冲液中带负电荷，在电场中向正极移动。本实验以醋酸纤维素薄膜为支持物，根据血清蛋白质的等电点（pI）和相对分子质量（图 1-1～图 1-3，表 1-1），电泳速度从快到慢依次为白蛋白、α_1 球蛋白、α_2 球蛋白、β 球蛋白、γ 球蛋白，经染色、漂洗后显示 5 条清晰的色带。由于各色带蛋白质含量与染料结合量基本成正比，可将各色带剪下，分别溶于等量的碱性溶液中，用分光光度计测出 5 种蛋白质的吸光度（absorbance，*A*），再换算为相对百分含量。

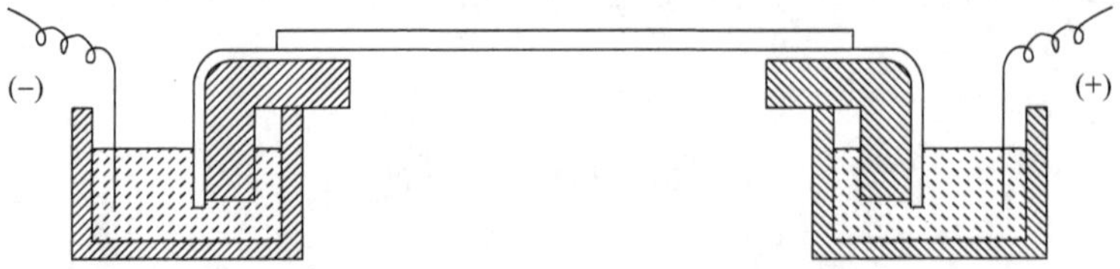

图 1-1　醋酸纤维素薄膜电泳的基本原理

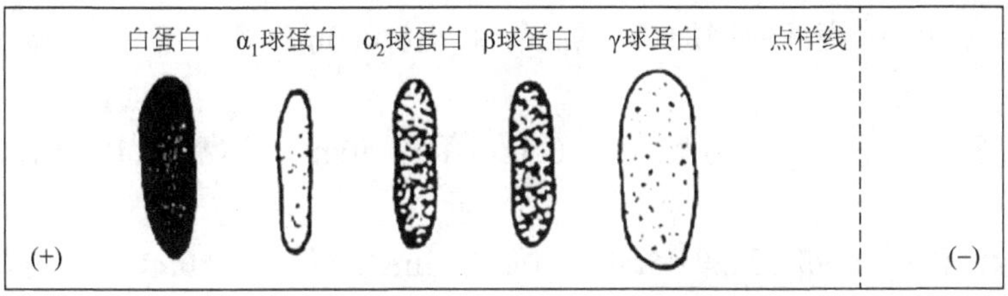

图 1-2 血清醋酸纤维素薄膜电泳结果示意图

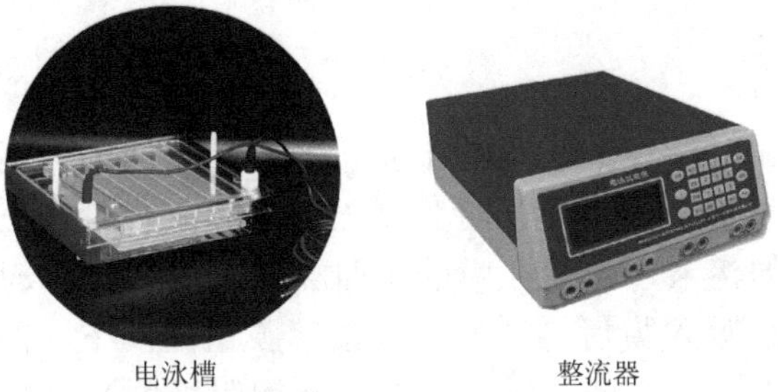

图 1-3 电泳仪

表 1-1 人血清蛋白质的等电点及相对分子质量

蛋白质名称	等电点	相对分子质量
白蛋白	4.88	69 000
α_1 球蛋白	5.06	200 000
α_2 球蛋白	5.06	300 000
β 球蛋白	5.12	90 000～150 000
γ 球蛋白	6.85～7.50	156 000～300 000

正常人血清蛋白质中各组分所占的百分含量为：白蛋白 57%～72%，β 球蛋白 6.2%～12%，α_1 球蛋白 2%～5%，α_2 球蛋白 4%～9%，γ 球蛋白 12%～20%。

【仪器与耗材】

电泳仪（包括整流器与电泳槽）、染色缸、点样器、10mL 吸管、醋酸纤维素薄膜、玻璃试管等。

【试剂】

1. 巴比妥缓冲液（pH8.6，离子强度 0.06）：巴比妥钠 12.76g、巴比妥 1.66g，置于盛有蒸馏水的烧杯中稍加热，溶解后移至 1000mL 容量瓶中，加蒸馏水稀释至 1000mL 刻度。

2. 氨基黑染色液：氨基黑 10B 0.5g、甲醇 50mL、冰醋酸 10mL，加蒸馏水 40mL。

3. 漂洗液：取 95%乙醇 45mL、冰醋酸 5mL、蒸馏水 50mL，混匀。

4. 新鲜血清。

【操作】

1. 准备与点样

取 2cm×8cm 醋酸纤维素薄膜 1 张，在膜的粗面距一端 1.5cm 处用铅笔轻画一条细线，表示点样位置，将膜浸入巴比妥缓冲液中充分浸透，取出后用滤纸吸去多余的溶液，然后在膜的粗面点样线处用 X 胶片蘸血清 2～3μL 进行点样。待血清吸入膜后将醋酸纤维素薄膜粗面向下，两端紧贴在裹有纱布的电泳槽电极上（加血清的一端放在电泳槽阴极侧）。加盖，平衡 10min，然后通电。

2. 电泳

通电后调节电压至 110～130V，电流为 0.4～0.5mA/cm，电泳 45～60min。

3. 染色

电泳结束后关闭电源，用镊子取下薄膜，然后置于氨基黑染色液中，染色 8min。

4. 浸洗

用镊子将染色后的薄膜取出，放入第一个浸洗缸漂洗 2min，取出放入第二个浸洗缸内再漂洗 2min；然后取出，再放入第三个浸洗缸（蒸馏水）洗去漂洗液后取出，辨认图谱中各蛋白质的区带。

【注意事项】

1. 点样要均匀，将 X 胶片垂直迅速压在点样线上后提起，不要点多了，以免电泳图谱不齐或分离不良。

2. 醋酸纤维素薄膜一定要充分浸透后才能点样。点样后电泳槽一定要密闭，电流不宜过大。防止薄膜干燥，以免电泳图谱出现条痕。

3. 置于电泳槽架上时，先分辨正极和负极，黑线连的是负极，红线连的是正极。注意不要弄错。

4. 缓冲液的离子强度一般不应小于 0.05 或大于 0.075，因为过小可使区带拖尾，过大则使区带过于紧密。

5. 切勿用手接触薄膜表面，以免油腻或污物粘到薄膜上，影响电泳结果；电泳槽内的缓冲液要保持清洁。

6. 电泳完毕，要先断开电源，再取薄膜，以免触电。

【思考题】

1. 为什么将血清样品点在滤纸条的负极端？
2. 电泳中影响蛋白质泳动速度的因素有哪些？哪种起决定性作用？

实验二　蛋白质的两性性质及等电点测定

【实验目的】

1. 了解蛋白质的两性解离性质。
2. 掌握测定蛋白质等电点的方法。

【实验原理】

蛋白质是由许多氨基酸组成的，故也是两性电解质。蛋白质分子中可以解离的 α-基团除末端 α-氨基与 α-羧基外，还有肽链上氨基酸残基的侧链基团，如非 α-羧基及 α-氨基、胍基、咪唑基等基团，它们都能解离成带电基团。因此，蛋白质分子与氨基酸一样，在酸性溶液中作碱性解离，成为带正电荷的阳离子，在碱性溶液中作酸性解离，成为带负电荷的阴离子。

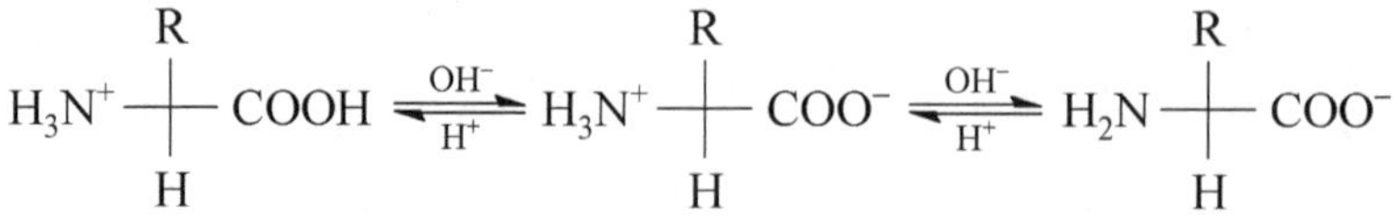

在一定的氢离子浓度时，蛋白质分子的酸性解离与碱性解离速率相等，成为中性颗粒，所带正负电荷相等，净电荷为零，此时溶液的 pH 称为蛋白质的等电点（pI）。在等电点时蛋白质分子在电场中既不向阴极移动，也不向阳极移动，而且分子间碰撞引起的聚沉倾向增加。因此，此时蛋白质的溶解度最小，若再加入乙醇、丙酮等试剂与蛋白质分子争夺水分子，降低了蛋白质分子外水化膜的厚度，而使浑浊度增加。蛋白质的等电点与所含氨基酸种类和数量有关，若蛋白质含酸性氨基酸多，则等电点呈酸性，如胃蛋白酶的等电点为 pH1.5 左右；也有一些蛋白质含碱性氨基酸多，则等电点偏碱性，如鱼精蛋白的等电点为 pH12.0～12.4；含酸性和碱性氨基酸残基数目相近的蛋白质，其等电点为中性偏酸，为 pH5 左右。本实验采用酪蛋白在不同 pH 溶液中形成的浑浊度来确定其等电点，即浑浊度最大的溶液的 pH 为该种蛋白质的等电点。

【仪器与耗材】

试管架、试管（15mL×6）、刻度吸管（1mL×4，2mL×4，10mL×2）、胶头吸管（×2）等。

【试剂】

1. 1mol/L 乙酸溶液：量取 99.5%乙酸（相对密度为 1.05）2.875mL，加水至 50mL。

2. 0.1mol/L 乙酸溶液：量取 1mol/L 乙酸溶液 5mL，加水至 50mL。

3. 0.01mol/L 乙酸溶液：量取 0.1mol/L 乙酸溶液 5mL，加水至 50mL。

4. 0.2mol/L 氢氧化钠溶液：先称取氢氧化钠（分析纯）2g，加水至 50mL，配成 1mol/L 氢氧化钠溶液。然后量取 1mol/L 氢氧化钠溶液 10mL，加水至 50mL，配制成 0.2mol/L 氢氧化钠溶液。

5. 0.2mol/L 盐酸溶液：先量取 37.2%盐酸（相对密度为 1.19）4.17mL，加水至 50mL，配成 1mol/L 盐酸溶液。然后量取 1mol/L 盐酸溶液 10mL，加水至 50mL，配成 0.2mol/L 盐酸溶液。

6. 0.01%溴甲酚绿指示剂：称取溴甲酚绿 0.005g，加 0.29mL 1mol/L 氢氧化钠溶液，然后加水至 50mL。

7. 0.5%酪蛋白溶液：称取纯净酪蛋白 0.25g 放入 50mL 容量瓶内，加水约 20mL，再准确加入 1mol/L 氢氧化钠溶液 5mL，当酪蛋白溶解后，准确加入 1mol/L 乙酸溶液 5mL，最后加水稀释至 50mL，充分摇匀。

【操作】

1. 蛋白质的两性电离

取试管 1 支，按以下步骤加入各种试剂，观察实验现象并记录。

（1）0.5%酪蛋白溶液 1mL，加入 0.01%溴甲酚绿指示剂 6～7 滴，混匀后，观察并记录溶液的颜色。

（2）用细滴管缓慢滴加 0.2mol/L 盐酸溶液，边滴边摇，直至产生明显的大量沉淀，观察并记录沉淀与溶液颜色的变化。

（3）继续滴入 0.2mol/L 盐酸溶液，观察并记录沉淀与溶液颜色的变化。

（4）再滴入 0.2mol/L 氢氧化钠溶液进行中和，边滴边摇，使之再度产生明显的大量沉淀，继续滴加 0.2mol/L 氢氧化钠溶液，沉淀又溶解，观察并记录溶液颜色的变化情况。

2. 酪蛋白等电点的测定

取试管 5 支，编号后按表 2-1 的顺序准确地加入各种试剂并混匀。室温静置 20min 后观察各管沉淀出现情况，并以“–”“+”“+ +”“+ + +”符号记录沉淀的多少。

表 2-1　试剂添加顺序及用量　　（单位：mL）

试剂	管号				
	1	2	3	4	5
蒸馏水	2.4	—	3.0	1.5	3.28
1mol/L 乙酸溶液	1.6	—	—	—	—
0.1mol/L 乙酸溶液	—	4.0	1.0	—	—
0.01mol/L 乙酸溶液	—	—	—	2.5	0.62
0.5%酪蛋白溶液	1.0	1.0	1.0	1.0	1.0
溶液的最终 pH	3.5	4.1	4.7	5.3	5.9
	室温静置 20min				
实验现象					

【注意事项】

1. 沉淀符号，“–”表示无沉淀，“ + ”表示浑浊无明显沉淀，“ + + ”表示有明显沉淀，有小颗粒；“ + + + ”表示有大块沉淀。

2. 添加各种试剂注意用相应的滴管，不可混用。

3. 注意混匀试管，添加盐酸溶液和氢氧化钠溶液时注意边添加边振荡试管，接近等电点时逐滴添加，沉淀消失后停止添加试剂，在结果中记录添加试剂的滴数。

【思考题】

1. 为什么说蛋白质是两性电离电解质，何谓蛋白质的等电点？

2. 在等电点状态下，为什么蛋白质容易发生沉淀？

3. 本实验中酪蛋白处于等电点时则从溶液中沉淀析出，由此得出蛋白质在等电点时必然沉淀，此结论对吗？为什么？

实验三　血清蛋白质的盐析及白球比的测定

【实验目的】

1. 掌握盐析的原理和方法。
2. 掌握考马斯亮蓝法测定蛋白质的原理和方法。
3. 了解血清蛋白质定量测定的临床意义。

【实验原理】

使蛋白质从溶液中析出的方法称为沉淀。沉淀蛋白质的方法有很多种，包括盐析法、有机溶剂沉淀法、重金属离子沉淀法和生物碱及某些酸类物质沉淀法。

在蛋白质溶液中加入高浓度的中性盐时，蛋白质就会被沉淀，这种作用称为盐析，在蛋白质溶液中加入高浓度中性盐的机制与下列因素有关：中性盐是强电解质，溶解度又大，在蛋白质溶液中，一方面与蛋白质争夺水分子，蛋白质分子表面水化层被破坏，另一方面又大量地中和了蛋白质分子所带电荷（图 3-1）。盐析沉淀的蛋白质，其性质不变，经透析或加水稀释后仍可溶解，盐析是可逆过程。常用的中性盐有硫酸铵、氯化钠、硫酸钠等，但以硫酸铵使用最多。

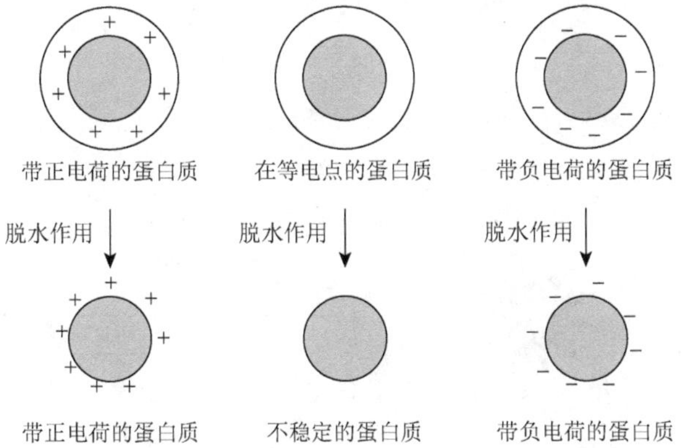

图 3-1　蛋白质沉淀原理示意图

分段盐析是指改变盐的浓度与溶液的 pH，便可将混合液中的蛋白质逐个盐析分开，如血清球蛋白［50% $(NH_4)_2SO_4$ 饱和度］、白蛋白［饱和 $(NH_4)_2SO_4$］。

蛋白质浓度的考马斯亮蓝染料法又称布拉德福德（Bradford）法，是 Bradford 于 1976 年建立起来的一种蛋白质浓度的测定方法。该方法是基于在酸性溶液中，染料考马斯亮蓝 G-250（Coomassie brilliant blue G-250）与蛋白质结合后，其吸收高峰从 465nm 移至 595nm，而颜色也由棕黄色转为蓝色。因为蛋白质与染料生成的复合物的颜色深浅与其浓度成正比，故可作为测定蛋白质浓度的方法。

考马斯亮蓝 G-250 测定蛋白质含量属于染料结合法的一种。在游离状态下呈红色，最大光吸收在 488nm；当它与蛋白质结合后变为蓝色，蛋白质-色素结合物在 595nm 波长下有最大光吸收。其光吸收值与蛋白质含量成正比，因此可用于蛋白质的定量测定。蛋白质与考马斯亮蓝 G-250 的结合在 2min 左右的时间内达到平衡，完成反应十分迅速；其结合物在室温下 1h 内保持稳定。该方法的试剂配制简单，操作简便快捷，反应非常灵敏，可测定微克级蛋白质的含量，测定蛋白质的浓度为 0～1000μg/mL，最小可测 2.5μg/mL 蛋白质，是一种常用的微量蛋白质快速测定方法。

考马斯亮蓝有 G-250 和 R-250 两种。其中考马斯亮蓝 G-250（图 3-2）由于与蛋白质的结合反应十分迅速，常用来做蛋白质含量的测定试验。考马斯亮蓝 R-250 与蛋白质反应虽然比较缓慢，但是可以被洗脱下去，因此可以用来对电泳条带进行染色。

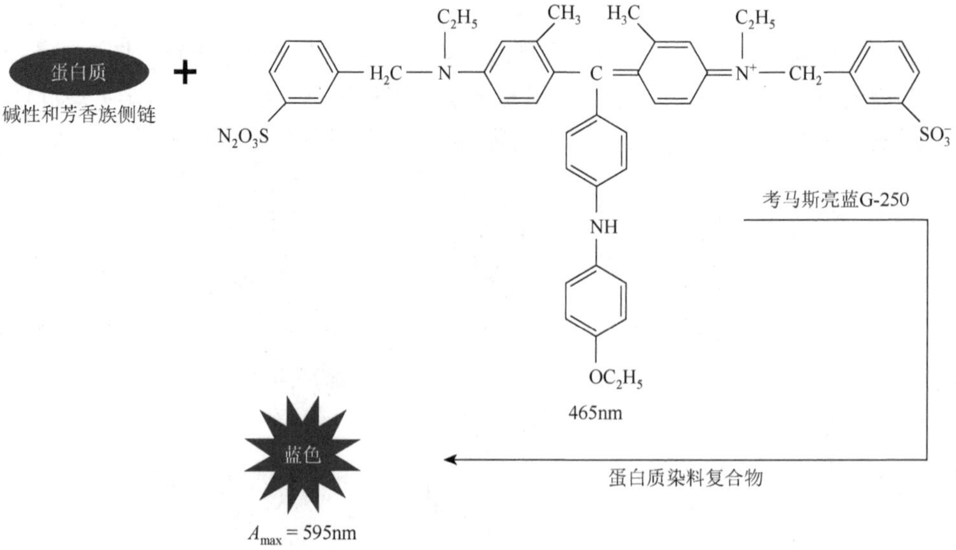

图 3-2　考马斯亮蓝 G-250 染料法原理示意图

本方法使用方便、反应时间短、显色稳定，且对比色时间要求不严格，并有抗干扰性强的特点，为常用测定蛋白质浓度的方法之一。此外，该显色法如果是将蛋白质滴加在层析滤纸上，再用三氯乙酸固定，用考马斯亮蓝进行染色，把被染的蛋白质洗脱下来，进行比色测定，还可以提高其灵敏度。

正常血清中含有多种蛋白质，其总量为 6～8g/100mL。在某些病理情况下，如营养不良、肝脏疾病，可因蛋白质合成减少，或因肾病综合征，蛋白质从尿中流失而降低；而在严重脱水的情况下，血液浓缩可致测出的结果升高。血清蛋白质浓度升高不如其降低的临床意义大，而白球比的改变更具有临床意义。

白球比是肝功能检查中的一项重要参考指标，反映的是肝的合成功能，在肝病的诊断上有重要意义。白球比是指白蛋白（ALB）和球蛋白（GLB）的比值，一般写作 A/G。A/G 正常值在 1.5～2.5 波动。白球比 = 白蛋白/球蛋白 = 白蛋白/（总蛋白质–白蛋白）。

白球比偏低常见的原因如下。

（1）白蛋白降低、球蛋白不变。常见的白蛋白偏低的原因主要有营养不良；白蛋白是由肝合成的，假如有肝病的话，就会使白蛋白的合成减少；另外肾源性低蛋白血症也会使白球比偏低。

（2）白蛋白不变、球蛋白的值升高。当患有肾疾病或自身免疫性肝炎及类风湿性关节炎时，会使球蛋白升高，从而使白球比偏低。

（3）白蛋白合成减少、球蛋白合成增多。这也是生活中比较常见的原因，如病毒性肝炎，一方面会导致肝合成白蛋白减少，另一方面病毒的存在也会使机体产生过多的球蛋白，最终使白球比偏低。

白球比偏高的常见原因如下。

白蛋白是由肝实质性细胞合成的，肝受损时，白蛋白的合成、细胞内运输和释放会发生障碍，引起血清白蛋白减少。球蛋白是由机体免疫器官制造的，当体内有病毒入侵时，就会产生大量的球蛋白来消灭病毒。

白球比偏高的原因可能是由白蛋白增多、球蛋白减少或者是两者都有变化，只是其中一者的变化幅度较大引起的。白蛋白是由肝合成的，对球蛋白有胶体保护作用，能够增强人体的免疫力和抵抗力，一般情况下白蛋白越多，表明人体越健康。球蛋白是由机体的免疫器官产生的，球蛋白偏高说明免疫系统亢进，偏低说明免疫能力不足。一般情况下，白蛋白要比球蛋白含量高，但如果太高的话，可能是机体的免疫系统出现了问题，或者是其他原因，如慢性炎症、多发性骨髓瘤、红斑狼疮等。

因此可以说白球比偏高并不一定有疾患，关键看偏高的程度，如果太高，就要找准白球比偏高的原因，对症治疗，方可起到好的疗效。

【仪器与耗材】

仪器：5415D 型台式高速离心机、WH-861 型涡旋仪、冰箱、721-B 型可见分光光度计、比色杯、刻度吸量管、可调式取液器、滴管、1.5cm×15cm 试管等。

耗材：血清、1.5mL 塑料离心管（EP 管）、吸头、擦镜纸等。

【试剂】

1. 0.9%氯化钠溶液：NaCl 0.9g，加 100mL 蒸馏水。
2. 饱和硫酸铵溶液（pH7.2）。
3. 1%牛血清白蛋白(BSA)溶液(贮存液)：BSA 1g，加 0.9% NaCl 溶液 100mL。
4. 标准蛋白质溶液(100μg/mL)：取 1% BSA 溶液 1mL，加 0.9% NaCl 溶液 99mL。
5. 考马斯亮蓝 G-250 溶液：取考马斯亮蓝 G-250 100mg，加 95%乙醇 50mL，溶解后，加入 85%磷酸 100mL，用蒸馏水稀释至 1000mL。

【操作】

1. 血清蛋白质的盐析

（1）取 1.5mL EP 管 1 支，加入 0.5mL 未知血清，再逐滴滴加饱和硫酸铵溶液 0.5mL，边加边混匀（观察现象）。

（2）室温静置 5min 后，10 000r/min 离心 2min，将上清小心移入另一支 EP 管内。

（3）取上清 0.1mL，加入 0.9% NaCl 溶液 4.9mL，混匀，备用。

2. 血清蛋白质含量的测定

（1）稀释血清（1∶100）：取未知血清 0.1mL，加入 0.9% NaCl 溶液至 10mL，混匀，备用。

（2）取试管 7 支，编号，按表 3-1 加入试剂。

表 3-1 试剂添加量 （单位：mL）

试剂	管号						
	1	2	3	4	5	6	7
标准蛋白质溶液（100μg/mL）	0	0.2	0.4	0.8	1.0	—	—
稀释血清	—	—	—	—	—	0.1	—
盐析上清	—	—	—	—	—	—	0.1
0.9% NaCl 溶液	1.0	0.8	0.6	0.2	—	0.9	0.9
考马斯亮蓝 G-250 溶液	4.0	4.0	4.0	4.0	4.0	4.0	4.0
标准蛋白质终浓度	0	0.002	0.004	0.008	0.01	?	?

注：“？”表示未知

（3）各管混匀后，在波长 595nm 处，以 1 号管为空白进行比色，记录各管的 *A* 值。

（4）将各管的 *A* 值及浓度用 Excel 进行数据处理，作标准曲线及趋势线，计算血清蛋白质浓度、白蛋白浓度及白球比。

A. 以标准蛋白质（1～5 管）终浓度为横坐标，相应的 *A* 值为纵坐标，输入 Excel 软件，作标准曲线及趋势线。

B. 根据未知管的 *A* 值、趋势线及公式计算出未知管的数值（图示值），并分别代入下列公式计算未知血清的蛋白质浓度。

血清蛋白质（总蛋白质）的浓度 = 图示值×1000（稀释倍数）= ?（g/100mL）

盐析上清（白蛋白）的浓度 = 图示值×1000（稀释倍数）= ?（g/100mL）

C. 计算白球比：

白蛋白的浓度/（总蛋白质的浓度–白蛋白的浓度）= ?∶1

【注意事项】

考马斯亮蓝 G-250 溶液必须贮存在棕色瓶内，此液可长期使用，但如变为绿色，则不能使用。

【思考题】

蛋白质定量测定的方法有哪些？并简要说明其原理。

实验四　双缩脲法测定血清蛋白质的含量

【实验目的】

1. 掌握双缩脲法测定蛋白质含量的原理。
2. 学习并掌握分光光度计的使用方法。
3. 掌握标准曲线的制作方法。

【实验原理】

在碱性溶液中，双缩脲（$H_2N—CO—NH—CO—NH_2$）与 Cu^{2+}作用形成紫红色的络合物，这一反应称为双缩脲反应。凡分子中含两个或两个以上酰胺基（$—CO—NH_2$），或与此相似的基团［如$—CH_2—NH_2$、$—CS—NH_2$、$—C(NH)NH_2$］的任何化合物，无论这类基团直接相连还是通过一个碳或氮原子间接相连，均可发生上述反应。蛋白质分子含有众多肽键（—CO—NH—），可发生双缩脲反应，且呈色强度在一定浓度范围内与肽键数量，即与蛋白质含量成正比，可用比色法测定蛋白质的含量。与同样处理的蛋白质标准溶液比较，经计算或查标准曲线即可求出血清蛋白质的含量。

【仪器与耗材】

恒温水浴箱、721-B 型分光光度计等。

【试剂】

6mol/L 氢氧化钠溶液、双缩脲试剂、蛋白质标准溶液等。

【操作】

1. 配制 20g/L 蛋白质标准溶液

如蛋白质标准溶液浓度为 70g/L，则取此液 2mL，加入新鲜蒸馏水 5mL，混匀即成。

2. 吸光度的测定

按表 4-1 加入各试剂。

表 4-1　试剂添加量

试剂	空白管	1	2	3	4	5	测定管
20g/L 蛋白质标准溶液/mL	—	0.1	0.2	0.3	0.4	0.5	—
蒸馏水/mL	0.5	0.4	0.3	0.2	0.1	—	0.4
待测样品液体/mL	—	—	—	—	—	—	0.1
双缩脲试剂/mL	3.0	3.0	3.0	3.0	3.0	3.0	3.0
相当血液蛋白质/(g/L)	—	20	40	60	80	100	—

混匀，置 37℃水浴 10min（或 25℃水浴 30min），用 540nm 波长比色，以空白管调零，读取各管的吸光度。

3. 标准曲线的绘制

1～5 号为标准曲线管，测得吸光度后，以吸光度为纵坐标，蛋白质浓度为横坐标绘制标准曲线，如图 4-1 所示。

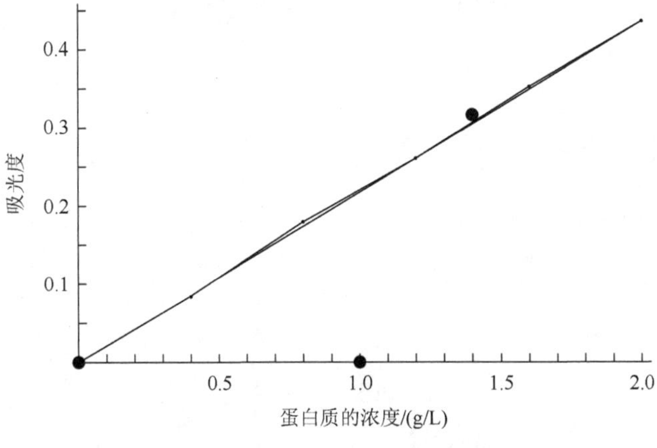

图 4-1　蛋白质浓度测定标准曲线

4. 实验结果

（1）根据测定管的吸光度，从标准曲线查找相对应的总蛋白质浓度。

（2）按照光吸收法计算公式计算：从标准管中选一管与测定管的吸光度接近者，按公式 $C_{测} = \dfrac{C_{标} A_{测}}{A_{标}}$ 计算待测血清样本的蛋白质浓度。

【注意事项】

1. 在双缩脲试剂中，加入酒石酸钾钠，Cu^{2+}形成稳定的络合铜离子，以防止 $CuSO_4 \cdot 5H_2O$ 不稳定而形成 $Cu(OH)_2$ 沉淀。酒石酸钾钠与 $CuSO_4 \cdot 5H_2O$ 之比不低于 3∶1，加入 KI 作为抗氧化试剂。

2. 双缩脲试剂要封闭贮存，以防止吸收空气中的二氧化碳。

3. 本法各种蛋白质的显色程度基本相同，重复性好，几乎不受温度的影响，唯一的缺点是灵敏度较低。

4. 本法绘制的标准曲线是一条通过原点的直线，在 100g/L 浓度之内呈良好的线性关系。

【思考题】

1. 什么是双缩脲反应？

2. 分光光度计使用注意事项有哪些？

实验五　凯氏定氮法测定蛋白质含量

【实验目的】

1. 掌握凯氏定氮法（Kjeldahl method）测定蛋白质含量的基本原理。
2. 熟悉凯氏定氮法测定蛋白质含量的基本操作。
3. 了解凯氏定氮法测定蛋白质含量的局限性。

【实验原理】

凯氏定氮法是分析化学中一种常用的检测有机化合物含氮量的方法。这种方法由丹麦化学家 Johan Kjeldahl 于 1883 年创立。凯氏定氮法可以检测大多有机物中的氮，但是不能检测成环的含氮化合物（如嘧啶）、硝基化合物及重氮化合物中的氮。凯氏定氮法也可以检测无机物中的氨和铵盐，但是不能检测其他形式的无机氮（如硝酸盐中的氮）。

组成蛋白质的化学元素主要有碳（C）、氢（H）、氧（O）、氮（N），以及少量的磷（P）、硫（S）。其中含氮量一般稳定保持在 16%，即蛋白质的质量约为蛋白质中含氮量的 6.25（系数）倍。因此，若测得含氮量即可推算蛋白质的含量。利用凯氏定氮法可测得含氮量，进而推知蛋白质的含量。

首先，样品在烧瓶中被硫酸消解，蛋白质分解，其中的氮与硫酸作用生成硫酸铵。

$$\text{蛋白质样品} + H_2SO_4 \longrightarrow (NH_4)_2SO_4$$

其次，在强碱加热条件下蒸馏出氨。

$$(NH_4)_2SO_4 + 2NaOH \xrightarrow{\text{加热}} Na_2SO_4 + 2NH_3 + 2H_2O$$

蒸馏出的氨用盐酸吸收。

$$NH_3 + HCl \longrightarrow NH_4Cl$$

最后，通过用标准 NaOH 溶液滴定，计算出剩余的盐酸量，即可用初始盐酸量减去剩余盐酸量从而推算出盐酸消耗量。

$$NaOH + HCl \longrightarrow NaCl + H_2O$$

利用盐酸消耗量可测得含氮量，进一步用含氮量乘以系数 6.25，从而推知蛋白质含量。操作过程中需用未消解的样品作对照来消除样品中无机氮对结果的干扰。

凯氏定氮法测定蛋白质含量的优点为可测定包括不可溶性蛋白质的总蛋白质含量，而其他蛋白质检测方法通常只能测定可溶性蛋白质含量。因此，凯氏定氮法常被用于检测食品中的蛋白质总含量。

由于凯氏定氮法能够检测有机化合物中的含氮量，因此在测定样品中的蛋白质含量时，样品中的其他有机氮会无法避免地干扰测定值。例如，生物样品中核酸也含有氮元素，在某些核酸含量较高的食物中，用凯氏定氮法测定的蛋白质含量会偏高。这种情况下可通过调整系数（6.25）来矫正。

2008 年报道的三聚氰胺毒奶粉的产生，就是由于不法分子利用食品检验时主要用凯氏定氮法来测定蛋白质的含量，从而添加有机氮三聚氰胺（含氮量高达 66%）以提高婴幼儿奶粉中检测所得蛋白质的含量，从而大大降低奶粉的制作成本。婴幼儿长期将这样的奶粉作为食物来源可导致蛋白质和钙元素的缺乏，影响生长发育，严重者会引起肾结石、肾衰竭等急性期症状，同时有诱发膀胱癌的风险。

【仪器与耗材】

仪器：通风橱等。

耗材：凯式烧瓶（图 5-1）、圆底烧瓶、滴定烧瓶、酒精灯、铁架台等。

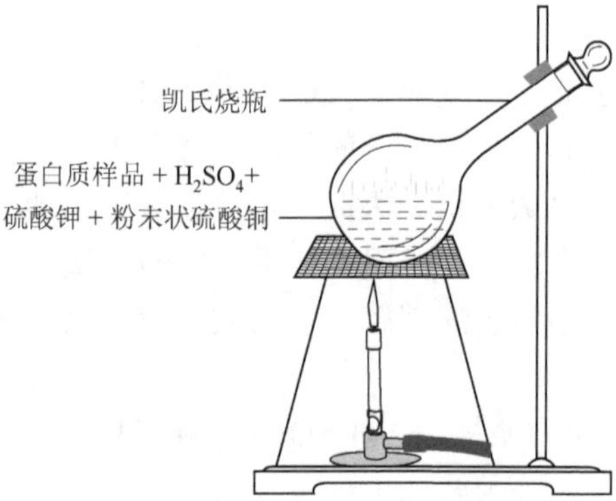

图 5-1 凯式烧瓶

【试剂】

40%的 NaOH 溶液，粉末状硫酸钾、硫酸铜，混合指示剂［一份 2g/L 溴甲酚红乙醇溶液与 5 份 2g/L 溴甲酚绿乙醇溶液混合（现用现配）］，0.05mol/L HCl 标准溶液，0.05mol/L NaOH 标准溶液等。

【操作】

1. 有机氮的消解

精密称取待检样品 1g，放入 500mL 凯式烧瓶中，加入粉末状硫酸铜 1g、粉末状硫酸钾 1.5g、硫酸 15～25mL，再加入玻璃珠 3～5 粒。摇动凯氏烧瓶使硫酸没过固体样品。在通风橱内，用酒精灯加热凯氏烧瓶使样品中有机物全部破坏。停止加热，放冷待用。

2. 消解液的定容

加 10mL 蒸馏水于上述凯式烧瓶中。待冷却后转入 100mL 容量瓶中，用蒸馏水冲洗凯式烧瓶数次，将冲洗液全部转移至容量瓶中，最终定容到 100mL。混合待用。

3. 蒸馏

在水蒸气发生器中装水至 2/3 体积处，加入硫酸 1mL、甲基红指示剂 2～3 滴。按图 5-2 安装好凯氏定氮装置（除含有标准酸的锥形瓶不加），打开酒精灯，加热开始蒸馏，用馏出的水蒸气冲洗全套仪器，直到馏出液不再显酸性。

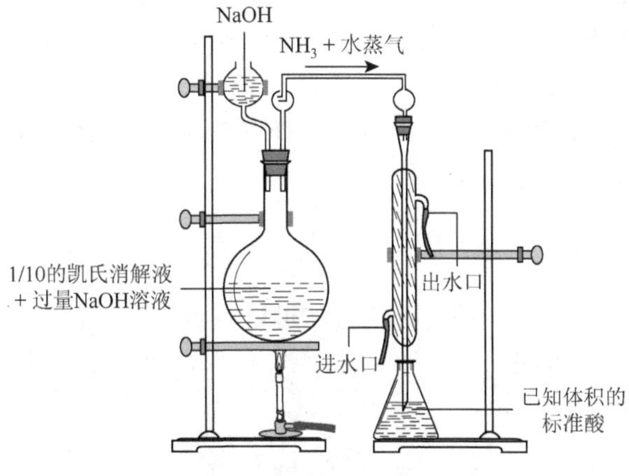

图 5-2　凯氏定氮装置

在锥形瓶中加入 10mL（V_0）0.05mol/L HCl 标准溶液，并加入混合指示剂 1 滴。将凯氏定氮装置的冷凝口插入该溶液液面下方。精确量取 10mL 定容的消解液（第 2 步操作所得）经加料口全部转移到圆底烧瓶中（用蒸馏水冲洗加料口数次），再加入 40%的 NaOH 溶液 15mL，立即关闭加料口，并用蒸馏水封口。夹紧蒸馏瓶下口，开始蒸馏。当水蒸气吹入反应室时，开始计时，反应 3min，下降接收瓶，使盐酸液面离开冷凝口，继续蒸馏 1min。用中性蒸馏水（在蒸馏水中加入混合指示剂，并调至中性，此时指示剂颜色为灰色）冲洗冷凝管浸入盐酸部分的管外壁，然后移出接收瓶。

4. 滴定

用标准碱溶液滴定接收瓶中的剩余酸至终点（中性，灰色）。记录所消耗的标准碱溶液的体积（V_1）。

5. 计算

$$蛋白质含量(\%)=\frac{[C(V_0-V_1)\times 0.014\times 10\times F]\times 100}{m}$$

式中，C 为标准酸的浓度，单位为 mol/L；V_0 为标准酸的初始用量（10mL），单位为 mL；V_1 为消耗标准碱的体积，单位为 mL；F 为系数，通常为 6.25；m 为样品的质量，单位为 g。

【注意事项】

1. 蒸馏装置的密封性要好，切不可漏气。
2. 如果实验中接收瓶中的 10mL 盐酸在氨未接收完全的时候已经消耗完，可直接再加入 10mL 标准酸，此时应注意 V_0 的变化。
3. 要想知道氨是否蒸馏完全，可用精密 pH 试纸检测馏出液。
4. 混合指示剂在酸性条件下呈红色，在碱性条件下呈绿色，在中性条件下呈灰色。

【思考题】

除了凯氏定氮法之外，还有哪些方法可以测定蛋白质含量？与凯氏定氮法相比，各自的优缺点有哪些？

实验六　RIPA 法提取肝总蛋白质

【实验目的】

1. 了解 RIPA 法提取蛋白质的基本原理。
2. 掌握 RIPA 法提取蛋白质的基本操作步骤。

【实验原理】

RIPA 是主要由 Tris、NaCl、Triton X-100、脱氧胆酸钠（sodium deoxycholate）、十二烷基硫酸钠（SDS）及焦磷酸钠（sodium pyrophosphate）、乙二胺四乙酸（EDTA）、β-甘油磷酸（β-glycerophosphate）等配制而成的裂解液，它对动物组织细胞的细胞膜、细胞质、细胞核成分均有较强的裂解作用，从而可提取可溶性蛋白质。

【仪器与耗材】

眼科剪、匀浆器、1.5mL 离心管、移液器、高速冷冻离心机、冰盒等。

【试剂】

RIPA、苯甲基磺酰氟（PMSF）溶液（贮存液浓度为 10mg/mL，工作液浓度为 17μg/mL）、异丙醇等。

【操作】

（1）在 1.5mL EP 管中加入裂解液 1mL，然后再加入 10μL PMSF（苯甲基磺酰氟）溶液（贮存液 10mg/mL），置于冰盒预冷 5min。

（2）断颈处死小鼠，提取肝组织 100mg，加入预冷裂解液中，用眼科剪剪碎，再用匀浆器匀浆 5min。

（3）在 4℃、12 000r/min 条件下离心 15min，取上清置于 1.5mL EP 管中。

（4）用 BCA 法测定蛋白质浓度，按 4∶1 的比例加入 5×上样缓冲液，煮沸 10min，–20℃保存。

【注意事项】

1. PMSF 有毒，对呼吸道黏膜、眼睛及皮肤有严重损害，不小心吸入、误食或者皮肤吸收具有生命危险。为了实验安全，操作过程中必须戴一次性手套，不小心飞溅入眼睛或皮肤，应立即用水冲洗，凡被 PMSF 污染的物品必须丢弃。

2. PMSF 水溶液很不稳定，最好用异丙醇配制。一般现用现配，从贮存液中按工作液浓度加入裂解缓冲液中。

3. PMSF 的降解速率与溶液的 pH 有关，随 pH 的升高而加快。pH 为 8.0 时，PMSF 溶液的半衰期约为 85min，这表明将 PMSF 溶液调节为碱性（pH＞8.6）并在室温放置数小时后，可安全地予以丢弃。

4. PMSF 的储存：在 2～8℃可以存放数月之久。欲长期保存，可冻存在−20℃冰箱。

【思考题】

在蛋白质处理过程中，为什么加入 5×上样缓冲液的比例是 4∶1（蛋白质样本∶5×上样缓冲液＝4∶1）？

实验七　血清蛋白质的聚丙烯酰胺凝胶电泳

【实验目的】

1. 掌握聚丙烯酰胺凝胶电泳（PAGE）的基本原理。
2. 掌握聚丙烯酰胺凝胶电泳的基本操作。
3. 与醋酸纤维素薄膜电泳比较，认识聚丙烯酰胺凝胶电泳分离蛋白质的优点。

【实验原理】

聚丙烯酰胺凝胶是由丙烯酰胺单体（acrylamide，Acr）和交联剂*N*, *N*-甲叉双丙烯酰胺（*N*, *N*-methylene bisacrylamide，Bis）在催化剂的作用下聚合而成的含酰胺基侧链的脂肪族长链，相邻的两个链通过甲叉桥交连起来，链纵横交错，形成三维网状结构的凝胶。聚丙烯酰胺凝胶具有网状立体结构，且可通过控制 Acr 的浓度或 Acr 与 Bis 的比例合成不同孔径的凝胶，以适用于不同大小分子物质的分离，还可以结合解离剂十二烷基硫酸钠来测定蛋白质亚基的分子质量。血清蛋白质在聚丙烯酰胺凝胶电泳中一般可分成 12～25 个组分，因此适用于不同相对分子质量物质的分离，且分离效果好。

聚丙烯酰胺凝胶电泳体系有两种：连续体系与不连续体系聚丙烯酰胺凝胶电泳。前者是指整个电泳体系中的缓冲液成分、pH 和凝胶网都相同；后者是指在电泳体系中采用两种以上的缓冲液、pH 和孔径。按电泳装置不同又可分为垂直管状（圆盘）电泳和垂直平板电泳。这两种电泳操作方式基本相同，不同的只是用于凝胶的支架或为玻璃管，或为玻璃板。垂直平板聚丙烯酰胺凝胶电泳和垂直管状聚丙烯酰胺凝胶电泳相比，具有以下优点：①一系列样品可以在相同的制板、电泳、显色条件下进行比较，减少试验误差；②在一块平板上点样数目可根据需要任意变动，可多可少；③凝胶可制成干板，作为科研资料长期保存；④电泳后取胶、显色、摄影等都较方便，并能得到较好的效果。由于具有上述优点，近年来垂直平板聚丙烯酰胺凝胶电泳技术发展较快。

不连续体系聚丙烯酰胺凝胶电泳具有较高的分辨率，主要用于蛋白质分析。其具有浓缩效应、分子筛效应和电荷效应。

1. 浓缩效应：凝胶由两种不同的凝胶层组成。上层为浓缩胶，下层为分离胶。浓缩胶为大孔胶，缓冲液的 pH 为 6.7，分离胶为小孔胶，缓冲液的 pH 为 8.9。在上下电泳槽内充以 Tris-甘氨酸缓冲液（pH8.3），这样就形成了凝胶孔径和缓冲液 pH 的不连续性。在浓缩胶中，HCl 几乎全部被解离为 Cl^-，但只有极少部分甘氨酸被解离为 $H_2NCH_2COO^-$。蛋白质的等电点一般在 pH5 左右，在此条件下，其解离度在 HCl 和甘氨酸之间。电泳开始后，快离子在前，在它后面形成一离子浓度低的区域，即低电导区。电导与电压梯度成反比，所以低电导区有较高的电压梯度。这种高电压梯度使蛋白质和慢离子在快离子后面加速移动。在快离子和慢离子之间形成一个稳定而不断向阳极移动的界面。由于蛋白质的有效移动率恰好介于快慢离子之间，因此蛋白质离子就聚集在快慢离子之间被浓缩成一条狭窄带。这种浓缩效应可使蛋白质浓缩数百倍。

2. 分子筛效应：分子质量或分子大小和形状不同的蛋白质通过一定孔径的分离胶时受阻滞的程度不同，因此表现出不同的迁移率而被分离开，即分子筛效应。即使净电荷相似，也就是说自由迁移率相等的蛋白质分子，也会由于分子筛效应在分离胶中被分开。此处的分子筛效应是指样品通过一定孔径的凝胶时，小分子走在前面，大分子走在后面，与凝胶层析的分子筛效应相反。

3. 电荷效应：蛋白质混合物在胶界面处被高度浓缩，堆积成层，形成一狭小的高浓度的蛋白质区，但由于每种蛋白质分子所载有效电荷不同，因而迁移率也不同。承载有效电荷多的，泳动得快，反之则慢，因此各种蛋白质就以一定的顺序排列成一条条区带。在进入分离胶时，此种电荷效应仍起主要作用。在 SDS-PAGE 电泳中，由于 SDS 这种阴离子表面活性剂以一定的比例和蛋白质结合成复合物，消除了蛋白质天然电荷的差别。

综上所述，样品浓缩效应是在浓缩胶中进行的，电荷效应与分子筛效应主要是在分离胶中进行。蛋白质样品进入分离胶时，浓缩胶中的慢离子跑到了蛋白质前面，高电势梯度消失，使蛋白质进入均一电势梯度和 pH 的分离胶中。此时又由于分离胶孔径小，各蛋白质因分子大小和形状不一样而被孔径阻滞的程度也不相同，使一些即使是净电荷相同的蛋白质分子也因分子筛效应不同而分离。

本实验采用 SDS-PAGE 对血清蛋白质进行分离，用考马斯亮蓝 R-250 染色，经脱色后，观察其组成和相对含量。

【仪器与耗材】

仪器：电泳仪、夹心式垂直板电泳槽（图 7-1）、直流稳压电源（电压 300～600V，电流 50～100mA）、凝胶模、真空凝胶干胶仪、脱色摇床、吸量管、烧杯、滴管、微量加样器（10μL 或 50μL）、培养皿、玻璃板、玻璃纸 2 张等。

耗材：血清、盐析上清、中分子质量蛋白质标准溶液、滤纸条等。

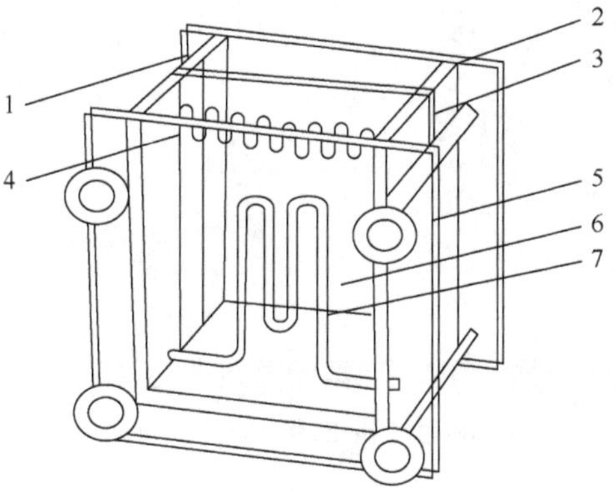

图 7-1　夹心式垂直板电泳槽示意图

1. 导线接头；2. 下贮槽；3. 凹形橡胶框；4. 样品槽模板；5. 固定螺丝；6. 上贮槽；7. 冷凝系统

【试剂】

30%丙烯酰胺贮存液（Acr∶Bis＝29∶1）、10% SDS、10%过硫酸铵、四甲基乙二胺（TEMED）、2%溴酚蓝、分离胶缓冲液（1.5mol/L Tris-HCl 缓冲液，pH8.8）、浓缩胶缓冲液（1mol/L Tris-HCl 缓冲液，pH6.8）、2×上样缓冲液、电泳缓冲液、固定液、染色液、脱色液、1%琼脂糖凝胶等。

【操作】

1. 安装电泳装置

安装垂直板电泳装置，用琼脂糖凝胶封住底边及两侧。

2. 制备 SDS 聚丙烯酰胺凝胶

（1）配制 7.5%分离胶：加入 30%丙烯酰胺贮存液 2.5mL、双蒸水（ddH_2O）4.8mL、分离胶缓冲液（pH8.8）2.5mL、10% SDS 0.1mL、10%过硫酸铵 0.1mL。

混匀后加入 4μL TEMED，立即混匀，灌入安装好的垂直板中，至距离槽沿 3cm 处，立即在胶面上加盖一层双蒸水，静置，待凝胶聚合后（约 20min），去除水相，然后用吸水纸吸干残余的液体。

（2）配制 5%浓缩胶：加入 30%丙烯酰胺贮存液 0.66mL、ddH_2O 2.8mL、浓缩胶缓冲液（pH6.8）0.5mL、10% SDS 0.04mL、10%过硫酸铵 0.04mL。

混匀后加入 4μL TEMED，立即混匀，灌入垂直板中至玻璃板顶部 0.5cm 处，插下梳子，避免混入气泡，静置，待胶聚合后加入电泳缓冲液，拔去梳子。

3. 样品预处理

取 20μL 样品加入 20μL 2×上样缓冲液中，置 100℃沸水中煮 5min。

4. 上样

每孔加入 20μL 样品。

5. 电泳

接通电源，将电压调至 80V。当溴酚蓝进入分离胶后，把电压提高到 150V，电泳至溴酚蓝距离胶底部 1cm 处，停止电泳。

6. 固定

取下凝胶，置于固定液中，轻轻振摇 10min，倒去固定液。

7. 染色与脱色

倒入 50～60℃预温的染色液浸没凝胶，染色约 40min。回收染色液，用清水冲洗掉凝胶上多余的染色液。倒入脱色液，轻摇 2h 左右，其间换脱色液 2～3 次。

【注意事项】

1. 制备凝胶应选用高纯度试剂，否则影响凝胶固定和电泳效果。
2. Arc 和 Bis 均有神经毒性，可经过皮肤、呼吸道等被人体吸收，故操作时一定要注意防护。
3. 蛋白质加样量要合适。加样量太少，条带不清晰；加样量太多，则泳道超载，条带过宽而重叠，甚至覆盖至相邻泳道。
4. 用琼脂糖封底及灌胶时不能有气泡，以免影响电泳电流的通过。
5. 为防止电泳后区带拖尾，样品中盐离子强度应尽量降低。含盐量高的样品可用透析或凝胶过滤法脱盐。
6. 凝胶完全凝固后，必须放置 30min 左右，使其充分“老化”后才能轻轻取出样品梳，切勿破坏加样孔底部的平整，以免电泳后区带扭曲。

【思考题】

1. 通过与醋酸纤维素薄膜电泳进行比较，聚丙烯酰胺凝胶电泳分离蛋白质有何优点？
2. 使 SDS-PAGE 具有高分辨率的三个因素是什么？

实验八　影响酶活性的因素

【实验目的】

掌握各因素对酶活性的影响机制。

一、温度对酶活性的影响

【实验原理】

温度对酶活性有显著的影响。温度降低，酶促反应速度降低以至完全停止反应。温度升高，反应速度逐渐加快。当上升至某一温度时，酶促反应速度达最大值，此温度称为酶作用的最适温度。温度继续升高，反应速度反而下降。人体内大多数酶的最适温度在37℃左右。

本实验以唾液淀粉酶为例，唾液淀粉酶催化淀粉水解成各种糊精和麦芽糖，它们遇碘后各呈不同的颜色。

淀粉 ⟶ 各种糊精 ⟶ 麦芽糖

遇碘呈蓝色　紫色至红色　无色

因此可以用碘液检查淀粉的水解程度，判断淀粉酶活性的大小。

【仪器与耗材】

恒温箱、加热器、试管等。

【试剂】

碘液、1%淀粉液等。

【操作】

（1）收集唾液：用少量水漱口清除口腔内食物残渣后，含水少许行咀嚼动作以刺激唾液分泌，约 5min 后吐入小烧杯中备用。

（2）取试管 3 支并编号，按表 8-1 操作。

表 8-1　试剂添加方法及用量　　（单位：滴）

试剂	管号		
	1	2	3
1%淀粉液	10	10	10
唾液	5	5	5
在不同温度条件下静置 15min，冰浴 37℃，沸水浴			
碘液	1	1	1

注意：加唾液后应混匀，各管加碘液后摇匀，观察并分析实验结果。

二、pH 对酶活性的影响

【实验原理】

环境 pH 显著影响酶活性，pH 既影响酶蛋白本身，也影响底物的离解度和带电荷量，从而改变酶与底物结合和催化作用，在某一定 pH 时，酶活性达最大值，这一 pH 称为酶的最适 pH。不同酶的最适 pH 不尽相同，人体自身多数酶的最适 pH 在 7.0 左右。本实验以唾液淀粉酶为例观察 pH 对酶活性的影响，可根据底物即淀粉消失的快慢来衡量酶活性的高低，检查淀粉水解与否的方法同前。

【仪器与耗材】

试管、玻璃棒、瓷比色盘等。

【试剂】

磷酸盐缓冲液、碘液、1%淀粉液等。

【操作】

（1）收集唾液的方法同前。
（2）取试管 3 支并编号，按表 8-2 加试剂。

表 8-2 试剂添加量 （单位：滴）

试剂	管号		
	1	2	3
磷酸盐缓冲液	20（pH = 5）	20（pH = 6.8）	20（pH = 9）
1%淀粉液	10	10	10
唾液	5	5	5

将各管混匀，取瓷比色盘 1 个，预先在各池内分别加 1 滴碘液，每隔 3min 用玻璃棒从第一管取保温液 1 滴加到已加有碘液的瓷比色盘小池中，观察颜色变化，直至该管溶液不与碘发生呈色反应时，再同时向 3 支试管加碘液 1 滴摇匀，观察并分析实验结果。

三、激动剂和抑制剂对酶活性的影响

【实验原理】

能使酶活性增加的物质称为激动剂；能使酶活性降低或失活的物质称为抑制剂。以唾液淀粉酶为例，氯离子使该酶活性增强，铜离子强烈抑制其活性。

【仪器与耗材】

恒温箱、试管、玻璃棒、瓷比色盘等。

【试剂】

碘液、1% NaCl、1% $CuSO_4$、1% Na_2SO_4、蒸馏水、1%淀粉液等。

【操作】

（1）收集唾液的方法同前。
（2）取试管 4 支并编号，按表 8-3 操作。

表 8-3　试剂添加量　（单位：滴）

试剂	管号			
	1	2	3	4
1%淀粉液	10	10	10	10
1% NaCl	2	—	—	—
1% $CuSO_4$	—	2	—	—
1% Na_2SO_4	—	—	2	—
蒸馏水	—	—	—	2
唾液	5	5	5	5

将各管混匀，置 37℃水浴中，取瓷比色盘 1 个，预先在各池内分别加 1 滴碘液，每隔 3min 用玻璃棒从第一管取保温液 1 滴加到已加有碘液的瓷比色盘小池中，观察颜色变化，直至该管溶液不与碘发生呈色反应时，再同时向 4 支试管加碘液 1 滴并摇匀，观察并分析实验结果。

【思考题】

1. 温度对酶活性的影响是什么？
2. 什么是抑制作用？对酶活性有何影响？

实验九　酶的竞争性抑制作用

【实验目的】

掌握酶的竞争性抑制作用的原理及影响抑制作用的因素。

【实验原理】

竞争性抑制作用是指在化学结构上与底物类似的抑制剂，能与底物竞争和酶的活性中心结合，抑制酶的活性。

特点：抑制程度随着抑制剂与底物两者的浓度对比而定，如果底物浓度不变，酶活性的抑制程度随着抑制剂浓度的增加而增加，反之，如果抑制剂浓度不变，酶活性随底物浓度的增加而逐渐恢复。

本实验观察丙二酸对琥珀酸脱氢酶活性的影响，琥珀酸脱氢酶催化琥珀酸脱氢生成延胡索酸。在隔绝空气的条件下，从琥珀酸脱下的氢可由甲烯蓝接收，甲烯蓝（蓝色）被还原成无色的甲烯白，因此可从加入的甲烯蓝的褪色情况来观察丙二酸对琥珀酸脱氢酶活性的影响。

$$\text{琥珀酸}+\text{甲烯蓝}\xrightarrow[\text{无氧条件}]{\text{琥珀酸脱氢酶}}\text{延胡索酸}+\text{甲烯白}$$

【仪器与耗材】

恒温水浴箱等。

【试剂】

0.2mol/L 琥珀酸、0.02mol/L 琥珀酸、0.2mol/L 丙二酸、0.02mol/L 丙二酸、蒸馏水、甲烯蓝等。

【操作】

（1）取肌肉糜一小匙放入研钵中，然后加入 10mL（pH7.4）磷酸盐缓冲液，充分研磨，磨成匀浆，备用。

（2）取试管 5 支，分别编号，按表 9-1 添加试剂。

表 9-1　试剂添加量　　（单位：滴）

试剂	管号				
	1	2	3	4	5
0.2mol/L 琥珀酸	5	5	5	—	5
0.02mol/L 琥珀酸	—	—	—	5	—
0.2mol/L 丙二酸	—	5	—	5	—
0.02mol/L 丙二酸	—	—	5	—	—
蒸馏水	5	—	—	—	20
肌肉提取液	15	15	15	15	—
0.02%甲烯蓝	2	2	2	2	2

将各管摇匀后，放置于室温，随时观察各管甲烯蓝的褪色情况，并记录变色顺序。

【注意事项】

向各管中加入试剂时要注意不能出现错误。观察甲烯蓝的褪色情况时，把 5 支试管作比较，只要比较出褪色的快慢顺序即可，并记录。注意第 5 支试管是不褪色的，作为褪色情况的参考。

【思考题】

竞争性抑制作用的反应速度是由什么因素决定的？

实验十　维生素 C 的定量测定

【实验目的】

1. 了解维生素 C 定量测定的原理。
2. 学习用 2, 6-二氯酚靛酚（DCIP）滴定法定量测定维生素 C 的基本操作。

【实验原理】

维生素 C 是人类膳食中必需的维生素之一，又称为抗坏血酸，有防治坏血病的功效。维生素 C 在自然界分布十分广泛，存在于新鲜水果和蔬菜中，尤其是在柠檬果实和一些绿色植物（如青辣椒、菠菜等）中含量特别丰富。

维生素 C 的结构类似葡萄糖，是一种含有 6 个碳原子的酸性多羟基化合物，分子式为 $C_6H_8O_6$，其分子中第 2 及第 3 位上两个相邻的烯醇式羟基极易解离而释出 H^+，故具有酸的性质。维生素 C 具有很强的还原性，很容易被氧化成脱氢维生素 C，但其反应是可逆的。

维生素 C 的吸收：吃入的维生素 C 通常在小肠上方（十二指肠和空肠上部）被吸收，而仅有少量被胃吸收，同时口中的黏膜也有少量的吸收。从小肠上方被吸收的维生素 C，经由门静脉、肝静脉输送至血液中，并转移至身体各部分的组织。

维生素 C 的代谢：维生素 C 在体内的代谢过程及转换方式仍无定论，但可以确定维生素 C 最后的代谢物是由尿液排出的。当尿中的维生素 C 浓度过高时，可使尿液中的酸碱度降低，以防止细菌滋生，因此有避免尿道感染的作用。

草酸是维生素 C 其中的一种代谢产物，它的排出量因人而异，平均一天有 16～64mg 的草酸由尿中排出。一般人担心过多的草酸会造成结石，其实身体中草酸的含量，除一部分由维生素 C 代谢而来外，其余大部分是直接从食物中摄取，或是由氨基酸类食物代谢所产生的。

由实验得知，即便是摄取大量的维生素 C，尿中的草酸量也不会因此而增加，故无须担心维生素 C 带来结石的问题。

维生素C经由肾排泄，因此肾具有调节维生素C排泄率的功能。当组织中维生素C达饱和量时，排泄量会增多；当组织含量不足时，排泄量则减少。肝内代谢为主，极少量以原型或代谢产物经肾排泄。当血浆浓度大于14μg/mL时，尿内排出量增多，可经血液透析清除。

食物中的维生素C主要存在于新鲜的蔬菜、水果中，人体不能合成。水果中新枣、酸枣、橘子、山楂、柠檬、猕猴桃、沙棘和刺梨含有丰富的维生素C；蔬菜中绿叶蔬菜、青椒、番茄、大白菜等中维生素C的含量较高。

坏血病是几百年前人类就已知道的疾病，但是由于以前人类对它发生的原因不了解，当时被称作不治之症，且死亡率很高。一直到1911年，人类才确定它是因为缺乏维生素C而产生的。在18世纪，坏血病在远洋航行的水手中非常普遍（他们远离陆地，缺乏新鲜的水果和蔬菜）；也流行于长期困战的陆军士兵中、长期缺乏食物的社区、被围困的城市、监狱犯人和劳工营中。

维生素C的定量测定方法很多，有2, 6-二氯酚靛酚滴定法、碘滴定法、2, 4-二硝基苯肼法等。其中广泛采用的是2, 6-二氯酚靛酚滴定法，它具有简便、快速、比较准确等优点，适用于许多不同类型样品的分析。其缺点是不能直接测定样品中的脱氢抗坏血酸及结合抗坏血酸的含量，易受其他还原物质的干扰。如果样品中含有色素类物质，将给滴定终点的观察造成困难。

在酸性环境中，抗坏血酸（还原型）能将染料2, 6-DCIP还原成无色的还原型2, 6-DCIP，而抗坏血酸则被氧化成脱氢抗坏血酸。氧化型的2, 6-DCIP在中性或碱性溶液中呈蓝色，在酸性溶液中则呈粉红色。因此，当用2, 6-DICP滴定含有抗坏血酸的酸性溶液时，在抗坏血酸未被全部氧化前，滴下的2, 6-DCIP立即被还原成无色，一旦溶液中的抗坏血酸全部被氧化时，则滴下微量过剩的2, 6-DCIP便立即使溶液显示淡粉红色或微红色，此时即为滴定终点，表示溶液中的抗坏血酸刚刚全部被氧化。依据滴定时2, 6-DCIP标准溶液的消耗量（mL）可以计算出被测样品中抗坏血酸的含量。氧化型2, 6-DCIP与还原型抗坏血酸常在稀草酸或偏磷酸溶液中进行反应。即先将样品溶于一定浓度的酸性溶液中或经抽提后，再用2, 6-DCIP标准溶液滴定至终点。其反应式如下。

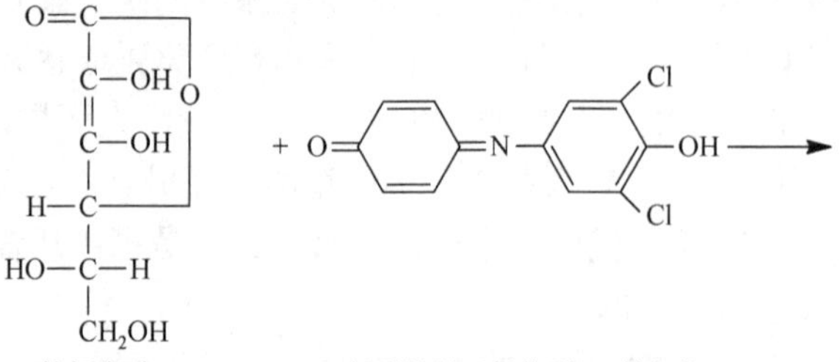

抗坏血酸（还原型）　　2, 6-二氯酚靛酚（氧化型），粉红色

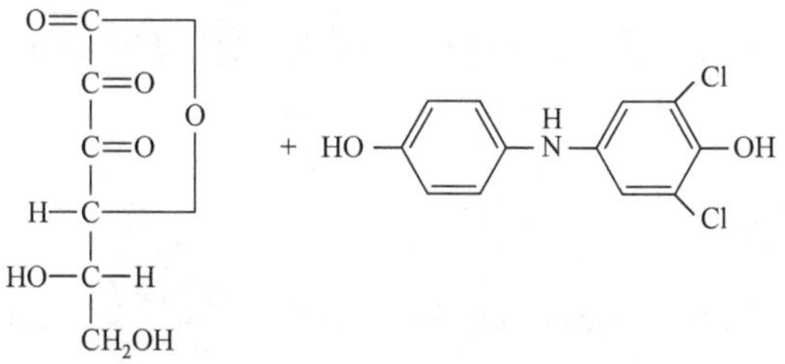

脱氢抗坏血酸（氧化型）　　2, 6-二氯酚靛酚（还原型），无色

本实验采用 2, 6-二氯酚靛酚滴定法，以新鲜水果、蔬菜和生物体液为分析材料，进行抗坏血酸含量的测定。

【仪器与耗材】

吸管、容量瓶、锥形瓶、微量滴定管、天平、抽滤装置等。

【试剂】

市售果汁、2%草酸溶液（草酸 2g 溶于 100mL 蒸馏水，2%草酸液可用 4%偏磷酸-乙酸溶液代替）、1%草酸溶液（1g 草酸溶于 100mL 蒸馏水）、标准抗坏血酸溶液（准确称取 50.0mg 纯抗坏血酸，溶于 1%草酸溶液，并稀释至 500mL，贮于棕色瓶、冷藏，最好临用时配制）、1% HCl 溶液、0.1% 2, 6-二氯酚靛酚溶液（250mg 2, 6-二氯酚靛酚溶于 150mL 含有 52mg $NaHCO_3$ 的热水中，冷却后加水稀释至 250mL，滤去不溶物，贮于棕色瓶内，冷藏，4℃可保存 1～3 周，每次临用时稀释 10 倍，并以标准抗坏血酸溶液标定）等。

【操作】

1. 样品的提取滴定（水果汁样品）

将果汁充分摇匀后，取 5mL 样品放入 50mL 容量瓶中，用 2%草酸溶液稀释，并定容至 50mL，混匀后通过快速滤纸过滤（或离心）。取滤液 10mL 放入锥形瓶内，立即用已标定过的 2, 6-DCIP 溶液快速滴定至样品液呈现粉红色，并保持 15～20s 不变即为终点，记录所消耗的 2, 6-DCIP 溶液的体积（mL）。样品液中抗坏血酸含量宜为 0.1～0.2mg/mL，如果偏高或偏低则可酌情增减样品用量或进行适当稀释。另取 10mL 蒸馏水作空白对照滴定 1 份。样品液滴定 3 份，滴定结果取平均值。

2. 2, 6-二氯酚靛酚溶液的标定

准确吸取标准抗坏血酸溶液 1.0mL（含 0.1mg 抗坏血酸）置 100mL 锥形瓶中，加 9mL 1%草酸，用滴定管以稀释 10 倍的 2, 6-二氯酚靛酚滴定至淡红色，并保持 15s 不褪色即为终点。由所用染料的体积计算出 1mL 染料相当于多少毫克抗坏血酸。

【结果与计算】

$$维生素C\ (mg/100g\ 样品) = \frac{(V_A - V_B)\times T}{m}\times 100$$

式中，T 为 1mL 染料能氧化抗坏血酸的毫克数；m 为 10mL 样液相当于含样品的克数；V_A 为滴定样品时所消耗的染料毫升数（平均值）；V_B 为滴定空白时所消耗染料的毫升数。

【思考题】

1. 提取维生素 C 时，加入 2%草酸或 4%偏磷酸-乙酸溶液的作用是什么？

2. 如果提取液颜色太深而又无法脱尽，严重影响滴定终点判断时，是否有其他办法能准确判断出终点？

实验十一　胰岛素、肾上腺素对家兔血糖浓度的影响

【实验目的】

1. 掌握激素对血糖浓度影响的原理。
2. 掌握 721-B 型分光光度计的使用原理和方法。
3. 掌握各种吸量管的使用方法。

【实验原理】

血糖是指血液中的葡萄糖，血糖浓度的恒定对机体有重要意义。人和动物的血糖浓度受多种因素的影响，其中重要的一个影响因素就是激素。本实验通过分光光度计比色的方法来准确测定不同激素对家兔血糖浓度的影响。

无蛋白质血滤液中的葡萄糖在碱性溶液中与硫酸铜共热，蓝色的二价铜离子（Cu^{2+}）即被还原成砖红色的氧化亚铜（Cu^{+}），氧化亚铜再使磷钼酸还原成钼蓝，滤液中的葡萄糖含量越高，则还原成钼蓝的颜色就越深，反之则浅。然后再通过 721-B 型分光光度计来准确地测量葡萄糖的浓度。

$$Na_2CO_3 + H_2O \longequal NaOH + NaHCO_3$$

$$2NaOH + CuSO_4 \longequal Cu(OH)_2 + Na_2SO_4$$

$$2Cu(OH)_2 + C_6H_{12}O_6 \xrightarrow{\text{加热}} Cu_2O + C_5H_{11}O_5COOH + 2H_2O$$

$$3Cu_2O + 3H_3PO_4 \cdot 2MoO_3 \cdot 12H_2O \longrightarrow 3H_3PO_4 \cdot Mo_2 \cdot O_3 \cdot 12H_2O + 6CuO$$

磷钼酸　　　　　　　　钼蓝

【仪器与耗材】

仪器：721-B 型分光光度计、比色杯、电炉等。
耗材：家兔、10mL 注射器、肝素、滤纸等。

【试剂】

蒸馏水、1/3mol/L[①] H_2SO_4、10%Na_2WO_4、碱性铜、胰岛素、肾上腺素、磷钼酸等。

【操作】

（1）动物准备：取家兔两只，空腹状态下于耳缘静脉取血液备用，然后分别注射胰岛素和肾上腺素，1h 后取血。并作抗凝处理。

（2）无蛋白质血滤液的制备：取 4 支干试管，编号，用移液管准确地加入蒸馏水 3.5mL、血液（4 种不同的血）0.1mL，用力振摇，然后先后加入 1/3mol/L H_2SO_4 0.2mL、10% Na_2WO_4 0.2mL，充分混匀，待有澄清出现后（5～10min），分别过滤。另用 4 支编好号的试管收集无蛋白质血滤液 2mL 备用。

（3）分别向收集好无蛋白质血滤液的 4 支试管添加试剂，另取两支试管作为标准和空白对照，操作见表 11-1。

表 11-1　试剂添加方法及用量　（单位：mL）

试剂	胰岛素组		肾上腺素组		标准	空白
	注射前	注射后	注射前	注射后		
标准葡萄糖溶液	—	—	—	—	2.0	—
无蛋白质血滤液	2.0	2.0	2.0	2.0	—	—
蒸馏水	—	—	—	—	—	2.0
碱性铜试剂	2.0	2.0	2.0	2.0	2.0	2.0
充分摇匀，放置沸水中 8min，取出时切勿摇动，置于冷水浴冷却						
磷钼酸试剂	2.0	2.0	2.0	2.0	2.0	2.0
混匀，放置 3min						
蒸馏水	3.0	3.0	3.0	3.0	3.0	3.0

将各管混匀后，用波长 620nm 的光，以空白管调零，比色，并记录各管的吸光度。

【结果与计算】

$$\text{血糖(mg\%)}=\frac{\text{测定管吸光度}}{\text{标准管吸光度}}\times 0.05\times\frac{4}{2}\times\frac{100}{0.1}$$

$$=\frac{\text{测定管吸光度}}{\text{标准管吸光度}}\times 100$$

【注意事项】

1. 在加入血液和各种试剂时要注意加入量的准确性。
2. 使用分光光度计时要注意将其调零，而且每测一次都要调零。
3. 正确使用比色杯。

【思考题】

1. 胰岛素、肾上腺素调节血糖的机制是什么？
2. 721-B 型分光光度计在使用过程中有哪些注意事项？

实验十二　饱食和饥饿小白鼠肝糖原含量的比较

【实验目的】

1. 掌握饱食和饥饿对肝糖原合成的影响。
2. 了解肝糖原的测定原理及操作方法。

【实验原理】

饱食和饥饿可以影响肝糖原的合成和分解状况。饱食后肝糖原合成增加，饥饿时肝糖原分解加强，肝糖原含量下降。为比较肝糖原含量的变化，采用三氯乙酸破坏肝组织的酶和蛋白质，使其沉淀和保留糖原，再用乙醇将糖原从滤液或上清中沉淀出来，溶于热水中，即为糖原溶液。

糖原溶液呈乳样光泽，遇碘呈红棕色；经酸水解可生成还原性葡萄糖，后者可将碱性铜溶液（班氏试剂）中二价铜还原成氧化亚铜（一价铜）。利用上述性质，对饱食和饥饿条件下肝糖原合成和分解状况进行比较。

【仪器与耗材】

研钵、离心管、玻璃试管等。

【实验动物】

小白鼠 2 只。

【试剂】

5%三氯乙酸、95%乙醇、20% NaOH、0.3%碘液、浓盐酸、班氏试剂等。注：班氏试剂配制方法为将 $CuSO_4 \cdot 5H_2O$ 17.3g 溶于 100mL 水中，另以柠檬酸钠 173g、无水碳酸钠 100g 溶于 700mL 水中，将上述两溶液合并，用蒸馏水稀释至 1000mL。

【操作】

（1）在研钵中加 5%三氯乙酸溶液 2mL。

（2）将饥饿（禁食 12h）的小白鼠快速处死，剖腹取出肝，迅速以滤纸吸取附着血液后，将整块肝放入研钵内研磨。再加 5%三氯乙酸溶液 4mL，再研磨到肝组织充分破碎为止。另取饱食小鼠 1 只，重复上述（1）和（2）操作。

（3）过滤，滤液分别收集于离心管中，观察并比较两种溶液的浑浊程度。

（4）分别于滤液中加入等体积 95%乙醇，混匀后，离心 3min（3000r/min），比较两管糖原的沉淀量。

（5）小心倒去上清液，于每管各加蒸馏水 5mL，加温，即为糖原溶液。

（6）取试管 3 支，编号，按表 12-1 操作。

表 12-1　试剂添加量

试剂	管号		
	1	2	3
饱食鼠肝糖原溶液/mL	2	—	—
饥饿鼠肝糖原溶液/mL	—	2	—
蒸馏水/mL	—	—	2
0.3%碘液/滴	2	2	2

混匀，观察并记录颜色，进行比较。

（7）取试管 2 支，分别加入饥饿鼠和饱食鼠肝糖原溶液 2mL，再每管各加浓盐酸 10 滴，置于沸水浴 10min，取出冷却，然后加 20% NaOH 中和（20 滴），此为肝糖原水解液。

（8）取试管 3 支，编号，按表 12-2 操作。

表 12-2　试剂添加方法及用量

试剂	管号		
	1	2	3
班氏试剂/mL	1	1	1
饱食鼠肝糖原水解溶液/滴	5	—	—
饥饿鼠肝糖原水解溶液/滴	—	5	—
蒸馏水/滴	—	—	5

混匀，置沸水浴中 3min，观察记录颜色及沉淀量。

附注：饥饿小鼠一般停食 1～2 餐即有明显差别。

【思考题】

简述肝脏调节糖原合成与降解的机理。

实验十三　葡萄糖氧化酶法测定血糖浓度

【实验目的】

1. 掌握葡萄糖氧化酶法（GOD-PAP[①]法）测定血糖浓度的基本原理。
2. 熟悉葡萄糖氧化酶法测定血糖浓度的基本操作。

【实验原理】

血糖是指血液中游离的葡萄糖，占血液中全部单糖的95%以上。血液中葡萄糖浓度受到几方面因素的调控，正常情况下其含量维持相对恒定。正常成年人空腹血糖为3.9～6.1mmol/L（70～110mg/dL），进食后血糖升高至6.5～7.2mmol/L，进食后2h血糖浓度回落至正常水平。饥饿时血糖仍维持在3.3～3.9mmol/L。一旦体内糖代谢紊乱，最终都会体现在血糖浓度出现异常。因此，临床上测定血糖浓度可用来检测体内多种疾病的发生，如神经功能紊乱、内分泌紊乱、先天性酶缺乏、肝功能不全、肾功能不全等。临床上常用葡萄糖氧化酶法测定血糖浓度。

葡萄糖在葡萄糖氧化酶（glucose oxidase，GOD）的作用下生成葡萄糖酸，并产生一分子过氧化氢。过氧化氢与4-氨基安替比林及酚在过氧化物酶（peroxidase，POD）的作用下生成醌亚胺和水。反应式如下。

$$\text{葡萄糖} + O_2 \xrightarrow{GOD} \text{葡萄糖酸} + H_2O_2$$

$$2H_2O_2 + \text{4-氨基安替比林} + \text{酚} \xrightarrow{POD} \text{醌亚胺} + 4H_2O$$

醌亚胺为有色化合物，在波长505nm（492～520nm）处有最大吸收峰。测量样品和标准葡萄糖溶液在相同条件下反应产生的化合物的吸光度即可求出样品中葡萄糖的含量。

【仪器与耗材】

仪器：分光光度计（比色杯光径1.0cm）、恒温箱或者水浴锅（设置37℃，提前打开）等。

---

① PAP. 过氧化酶

耗材：移液器（枪）（规格 1.0mL、20μL）、枪头、试管、试管架、烧杯（规格为 100mL、50mL 或 25mL）等。

【试剂】

1. 葡萄糖检测试剂盒：内含试剂 A、B、C 及 D。试剂 A 为酚试剂。试剂 B 为酶试剂，即磷酸盐缓冲液、4-氨基安替比林、葡萄糖氧化酶及过氧化物酶的混合液。试剂 C 为葡萄糖标准液（5mmol/L）。试剂 D 即 ddH_2O。

2. 蒸馏水 1 瓶。

3. 待检样品：血清（人血清或者家兔血清）。

【操作】

1. 制备工作液

按酚试剂∶酶试剂 = 1∶1 配制工作液（检测前现配现用）。

2. 加样

取 3 支试管，标记空白、标准、样品。按表 13-1 加入各试剂。

表 13-1　试剂添加量

试剂	空白	标准	样品
工作液/mL	2	2	2
ddH_2O/μL	20	—	—
葡萄糖标准液/μL	—	20	—
样品/μL	—	—	20

将各管试剂充分摇匀，37℃保温 10～15min。随后室温冷却。

3. 比色

提前打开分光光度计，调波长为 505nm。将冷却至室温样品按照分光光度计的操作要求进行比色。以空白管调零，读取并记录标准溶液的吸光度（$A_{标准}$）和样品溶液的吸光度($A_{样品}$)。

4. 浓度计算

$$C_{样品} = \frac{A_{样品} \times C_{标准}}{A_{标准}}$$

式中，C 为浓度。

【注意事项】

1. 为了结果更加准确，应注意取样标准，操作规范。低温样品避免反复冻融，以保存其活性。

2. 如果待测血清浓度超过 25mmol/L，则超过了检测线性范围，应稀释样品，保证检测值低于 25mmol/L，从而使检测结果更加准确。

3. 本法可检测血浆、脑脊液中的葡萄糖含量，不能直接检测尿液中的葡萄糖含量。

4. 样品制备时，收集的血清应在 1h 内与细胞分离。如果无法做到可加入糖酵解抑制剂适当延长储存时间。

【思考题】

1. 除了氧化酶法测定血糖浓度外，还有哪些方法可以测定血糖浓度？

2. 临床上现在应用哪些仪器来测定血糖？这些仪器测定血糖的原理是什么？

实验十四　血清中甘油三酯的测定

【实验目的】

1. 掌握甘油三酯测定的基本原理。
2. 了解血清甘油三酯测定的基本方法。

【实验原理】

甘油三酯（TG），又称为三酰甘油或者脂肪，是由 1 分子甘油和 3 分子脂肪酸通过酯化反应构成的化合物，血清内源性甘油三酯主要由极低密度脂蛋白（VLDL）运输，外源性甘油三酯则以乳糜微粒（CM）的形式运输。血清甘油三酯测定是血脂分析的常规项目。在测定血清甘油三酯的过程中，先用庚烷-异丙醇联合抽提血中的甘油三酯，再用氢氧化钾皂化抽提液，生成甘油，然后用过碘酸钠氧化甘油，生成甲醛，最后甲醛与乙酰丙酮及氨缩合，生成带黄色荧光的 3, 5-二乙酰-1, 4-双氢二甲基吡啶，然后通过可见分光光度计比色分析（图 14-1，图 14-2）。

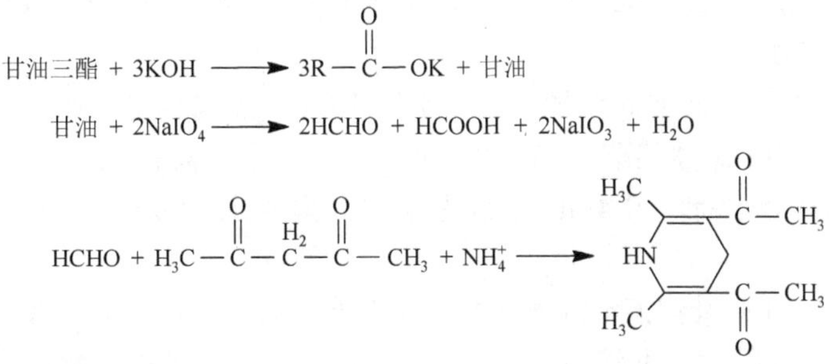

3, 5-二乙酰-1, 4-双氢二甲基吡啶

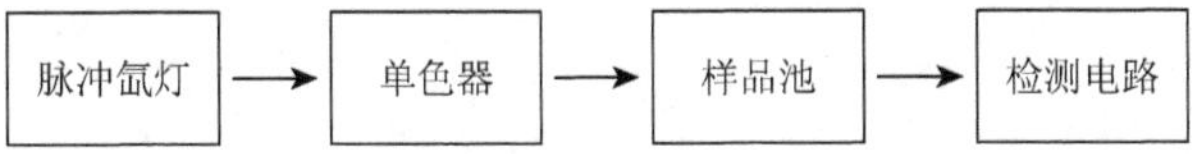

图 14-1　分光光度计的基本原理

【仪器与耗材】

可见分光光度计（图 14-3）、移液器、离心管等。

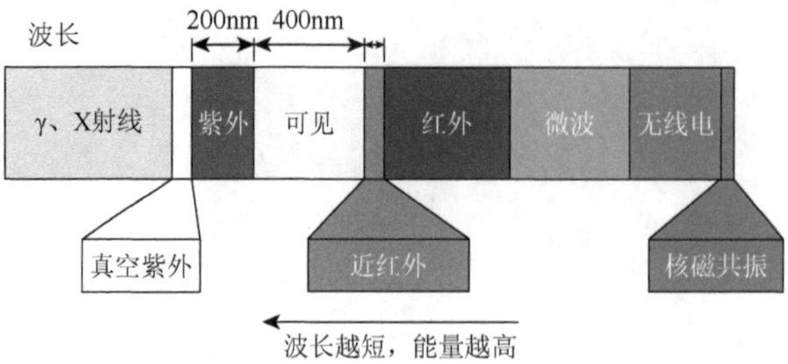

图 14-2　光谱示意图

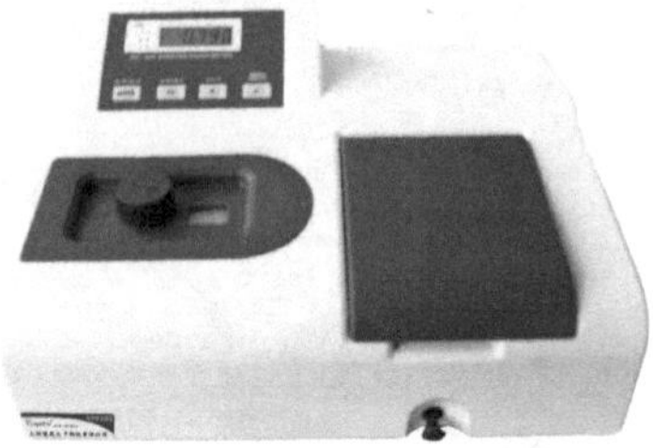

图 14-3　可见分光光度计

一、方　法　一

【试剂】

1. 新鲜血清（浆）。
2. 抽提剂：正庚烷-异丙醇（2∶2.35）（*V*/*V*）。
3. 0.04mol/L H_2SO_4 溶液。
4. 异丙醇。
5. 皂化剂：将 6.0g KOH 溶于 60mL 蒸馏水中，加异丙醇 40mL 混合，置棕色瓶中室温保存。
6. 氧化剂：将 650mg 过碘酸钠溶于约 100mL 蒸馏水中，加入 77g 乙酸铵，溶解后再加入 60mL 冰醋酸，加水至 1000mL，置棕色瓶中室温保存。
7. 乙酰丙酮试剂：0.4mL 乙酰丙酮加异丙醇至 100mL，置棕色瓶中室温保存。
8. 甘油三酯标准溶液：精确称取甘油三酯 1.00g 于 100mL 容量瓶中，加抽提剂至刻度，此为贮存标准溶液（10g/L）。临用时，再以抽提剂稀释 10 倍，即得 1g/L 工作液，冰箱保存。

【操作】

（1）取干试管 3 支，编号，按表 14-1 准确加入试剂。

表 14-1　试剂添加量　（单位：mL）

试剂	空白管	标准管	测定管
血清	—	—	0.2
标准溶液	—	0.2	—
蒸馏水	0.2	—	—
抽提液	2	2	2
0.04mol/L H_2SO_4	0.6	0.6	0.6

边加边摇，全部加完后剧烈振摇 25min，然后静置分层。

（2）另取 3 支同样编号的干试管，各加上层液 0.3～0.5mL（3 管液量相等），再加异丙醇 2mL 及皂化剂 0.4mL，立即摇匀，于 65℃保温 5min。

（3）各管加入氧化剂 2mL 及乙酰丙酮试剂 2mL，充分混匀，置 65℃水浴保温 15min，用冷水冷却，以 420nm 波长或蓝色滤光片比色，以空白管调零，读取各管的吸光度。

（4）计算：

$$血清甘油三酯(mol/L)=\frac{测定管吸光度}{标准管吸光度}\times 0.2\times\frac{100}{0.2}\times 0.011=\frac{测定管吸光度}{标准管吸光度}\times 1.1$$

正常值为 0.22～1.21mmol/L（200～1100mg/L）。

二、方 法 二

方法二为甘油三酯检测试剂盒法（GPO-PAP 法）。

【试剂】

1. 新鲜血清。
2. 工作液（酶试剂）：100mL（Tris-HCl 缓冲液、脂肪酶、ATP、甘油激酶、3-磷酸甘油氧化酶、过氧化物酶、4-氨基安替比林、对氯酚）。
3. 校准品：0.1mL。

【操作】

（1）样本处理：血清（浆）可以直接测定，如超过线性范围用生理盐水稀释后再测定。

（2）普通试管操作（表 14-2），分光光度计比色。

表 14-2 试剂添加方法及用量 （单位：μL）

试剂	空白管	标准管	样本管
蒸馏水	10	—	—
校准品	—	10	—
样本	—	—	10
工作液	1000	1000	1000

混匀，37℃孵育 10min，在波长 510nm、光径 0.5cm 条件下，用蒸馏水调零，测定各管的吸光度。

（3）计算：

$$甘油三酯浓度=\frac{样本吸光度-空白吸光度}{校准吸光度-空白吸光度}\times 校准品浓度$$

【注意事项】

1. 本实验受检者需空腹 12～14h，抽血前两天内忌食高脂食物及饮酒。
2. 血清或血浆标本密闭保存时，在 4℃可稳定 1 周，在–20℃可稳定半年。
3. 乙酰丙酮的吸收峰在波长 415nm 左右。
4. 方法一计算公式中的 0.011 为 mg/L 换算成 mmol/L 的系数。
5. 本法用廉价丙烷作为与异丙醇的混合抽提剂。此外，如辛烷或壬烷及沸点在 98.4～150.7℃的石油醚均可采用。故抽提剂也可用汽油［b.p.（蒸发热和沸点）=95～120℃］-异丙醇（2.5∶3.5）（*V*/*V*）混合液。

【思考题】

1. 测定血清甘油三酯时，为什么抽血前两天内忌食高脂食物及饮酒？
2. 长时间有氧运动锻炼对血清甘油三酯的含量有什么影响？

链接：

朗伯-比尔定律

当入射光波长一定时，待测溶液的吸光度（A）与其浓度和液层厚度成正比，即

$$A=kbc$$

式中，k 为比例系数，与溶液性质、温度和入射波长有关。当溶液浓度用 g/L 表示时，称 k 为吸光系数，以 a 表示，即 $A=abc$；当溶液浓度以 mol/L 表示时，称 k 为摩尔吸光系数，以 ε 表示，即 $A=\varepsilon bc$。ε 比 a 更常用。ε 越大，表示方法的灵敏度越高。ε 与波长有关，因此，ε 常以 ε_λ 表示。

实验十五　血清中总胆固醇的测定

【实验目的】

1. 掌握血清总胆固醇的测定原理。
2. 熟悉血清总胆固醇的测定方法和血清总胆固醇的临床意义。

【实验原理】

1. 乙酸酐能使胆固醇脱水生成脱水胆固醇，再与硫酸结合生成绿色化合物，其颜色深度与胆固醇含量成正比，与同样处理胆固醇标准液比较可计算其值。

2. 高胆固醇血症与动脉粥样硬化的形成有明确的关系，降低血清胆固醇可使冠心病的发病率降低及停止粥样斑块的进展。血清胆固醇升高也多继发于肾病综合征、甲状腺功能低下、糖尿病和胆管梗阻等。

【仪器与耗材】

可见分光光度计、微量移液器等。

【试剂】

胆固醇标准溶液（2.0g/L）、血清、显色液等。

【操作】

取干试管 2 支，分别标记“标准管”和“测定管”，然后按表 15-1 加入试剂。

表 15-1　试剂添加量　（单位：mL）

试剂	标准管	测定管
胆固醇标准溶液	0.1	—
血清	—	0.1
显色液	6	6

立即混匀，于 37℃水浴保温 10min，取出后，迅速以显色液作为空白，选用波长 620nm 进行比色，读取并记下吸光度。

【结果与计算】

$$血清总胆固醇(mg\%)=\frac{A_{测}}{A_{标}}\times 0.2\times\frac{100}{0.1}=\frac{A_{测}}{A_{标}}\times 200$$

正常参考值为 1100～2300mg/L（2.82～5.95mmol/L）。

【注意事项】

1. 显色液加入速度要快，速度慢会出现浑浊，影响结果。
2. 显色后立即比色，避免强光使其颜色消退。
3. 水会影响反应的进行，故要求器材干燥。

【思考题】

1. 简述胆固醇测定的基本原理。
2. 分析影响实验结果的因素有哪些，以及如何克服？

实验十六　酮体的生成和利用

【实验目的】

1. 了解酮体的生成部位。
2. 掌握测定酮体生成与利用的方法。

【实验原理】

在肝线粒体中，脂肪酸经β氧化生成的过量乙酰辅酶A缩合成酮体。酮体合成过程如下。

1. 两个乙酰辅酶A被硫解酶催化生成乙酰乙酰辅酶A。β氧化的最后一轮也生成乙酰乙酰辅酶A。

2. 乙酰乙酰辅酶A与一分子乙酰辅酶A生成β-羟基-β-甲基戊二酰辅酶A（HMGCoA），由HMGCoA合成酶催化。

3. HMGCoA裂解酶将其裂解为乙酰乙酸和乙酰辅酶A。

4. 在D-β-羟丁酸脱氢酶催化下，用NADH还原生成β-羟丁酸，反应可逆。

5. 乙酰乙酸自发或由乙酰乙酸脱羧酶催化脱羧，生成丙酮。

酮体包括乙酰乙酸、β-羟丁酸和丙酮三种化合物（图16-1）。肝不能利用酮体，只有在肝外组织，尤其是心脏和骨骼肌中，酮体才可以转变为乙酰辅酶A而被氧化利用。在饥饿期间，酮体是包括脑组织在内的许多重要组织器官的燃料，因此具有重要的生理意义。由于血脑屏障的存在，除葡萄糖和酮体外的物质无法进入脑组织为脑组织提供能量。饥饿时酮体可占脑能量来源的25%～75%。肝细胞线粒体内含有各种合成酮体的酶类，特别是HMGCoA合成酶，该酶催化的反应是酮体的限速步骤。

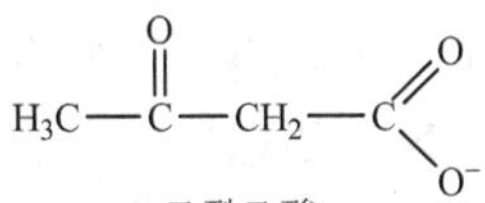

乙酰乙酸

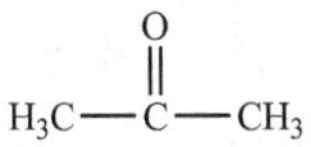

丙酮

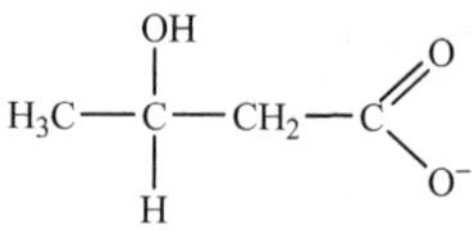

D-β-羟丁酸

图 16-1　三种酮体的化学结构式示意图

在正常情况下，机体产生少量的酮体，随着血液运送到心脏、肾和骨骼肌等组织，作为能量来源（图 16-2）被利用，血中酮体的浓度很低，一般不超过 1.0mg/dL，尿中也测不到酮体。当体内胰岛素不足或者体内缺乏糖分，如饥饿、禁食、严重的妊娠反应情况下，脂肪分解过多时，酮体浓度增加，一部分酮体可通过尿液排出体外，形成酮尿。当肝内酮体生成的量超过肝外组织的利用能力时，血中酮体浓度就会过高，导致酮血症和酮尿症。酮体中的乙酰乙酸和 β-羟丁酸都是酸性物质，在血液中积蓄过多时，可使血液变酸而引起酸中毒，称为酮症酸中毒（ketoacidosis）。

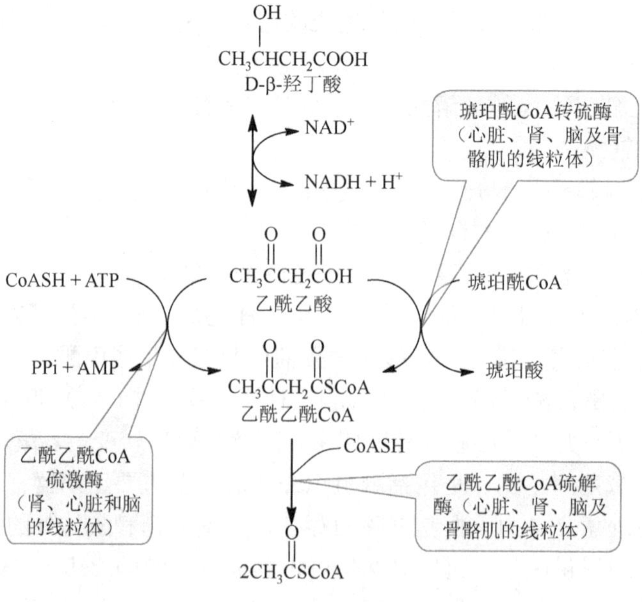

图 16-2　酮体输出能量的形式示意图

本实验以丁酸为基质，与肝匀浆一起保温，然后测定肝匀浆液中酮体的生成量。另外，在肝和肌肉组织共存的情况下，再测定酮体的生成量。在这两种不同条件下，由酮体含量的差别我们可以理解以上的理论。本实验主要测定的是丙酮的含量。

酮体测定的原理：在碱性溶液中，碘可将丙酮氧化成为碘仿。以硫代硫酸钠滴定剩余的碘，可以计算所消耗的碘，由此也就可以计算出酮体（以丙酮为代表）的含量。反应式如下。

$$CH_3COCH_3 + 3I_2 + 4NaOH \longrightarrow CHI_3 + CH_3COONa + 3NaI + 3H_2O$$

$$I_2 + 2Na_2S_2O_3 \longrightarrow Na_2S_4O_6 + 2NaI$$

【仪器与耗材】

试管、移液管、锥形瓶、滴定管及滴定管架等。

【试剂】

0.1%淀粉液、0.9% NaCl 溶液、15%三氯乙酸、10% NaOH 溶液、10% HCl 溶液、0.5mol/L 丁酸溶液（取 5mL 丁酸溶于 100mL 0.5mol/L NaOH 中）、0.1mol/L 碘液（I_2 12.5g 和 KI 25g 加水溶解，稀释至刻度 1L，用 0.1mol/L $Na_2S_2O_3$ 标定）、0.02mol/L $Na_2S_2O_3$（24.82g $Na_2S_2O_3 \cdot 5H_2O$ 和 400mg 无水 Na_2CO_3 溶于 1L 刚煮沸的水中，配成 0.1mol/L 溶液，用 0.1mol/L KIO_3 标定。临用时将标定 $Na_2S_2O_3$ 溶液稀释成 0.02mol/L）。

【操作】

（1）标本的制备：将兔处死，取出肝，用 0.9% NaCl 溶液洗去污血，放滤纸上，吸去表面的水分，称取肝组织 5g 置研钵中，加少许 0.9% NaCl 溶液至总体积为 10mL，制成肝组织匀浆。另外再取后腿肌肉 5g，按上述方法和比例制成肌组织匀浆。

（2）保温和沉淀蛋白质：取试管 3 只，编号，按表 16-1 操作。

表 16-1　试剂添加量　　（单位：mL）

试剂	管号		
	A	B	C
肝组织匀浆	—	2.0	2.0
预先煮沸的肝组织匀浆	2.0	—	—
pH 7.6 的磷酸盐缓冲液	4.0	4.0	4.0
正丁酸	2.0	2.0	2.0
43℃水浴保温 60min			
肝组织匀浆	—	4.0	—
预先煮沸的肝组织匀浆	4.0	—	4.0
43℃水浴保温 60min			
15%三氯乙酸	3.0	3.0	3.0

摇匀后，用滤纸过滤，将滤液分别收集在 3 支试管中，为无蛋白质滤液。

（3）酮体的测定：取锥形瓶 3 只，按表 16-2 编号顺序操作。

表 16-2　试剂添加方法及用量　（单位：mL）

试剂	编号		
	1	2	3
无蛋白质滤液	5.0	5.0	5.0
0.1mol/L 碘液	3.0	3.0	3.0
10% NaOH 溶液	3.0	3.0	3.0

摇匀，静置 10min，向各管中加入 10% HCl 溶液 3mL，加 0.1%淀粉液 1 滴呈蓝色，分别用 0.02mol/L $Na_2S_2O_3$ 溶液滴定至溶液呈亮绿色为止。

【结果与计算】

$$\text{肝生成的酮体量（mmol/g）} = (C-A) \times Na_2S_2O_3\text{的摩尔数} \times 1/6$$

$$\text{肌肉利用的酮体量（mmol/g）} = (C-B) \times Na_2S_2O_3\text{的摩尔数} \times 1/6$$

式中，A 为滴定样品 1 消耗的 $Na_2S_2O_3$ 毫升数；B 为滴定样品 2 消耗的 $Na_2S_2O_3$ 毫升数；C 为滴定样品 3 消耗的 $Na_2S_2O_3$ 毫升数。

【注意事项】

无蛋白质滤液过滤过程中应注意滤出液是否浑浊，如滤出液浑浊则不可用于后续实验，要重新制备。

【思考题】

为什么只有在肝外组织，酮体才可以被氧化利用？

实验十七　过氧化脂质的测定

【实验目的】

1. 掌握过氧化脂质测定的原理和方法。
2. 了解过氧化脂质测定的意义。

【实验原理】

血清过氧化脂质（LPO）又名脂质过氧化物，细胞膜由脂质及蛋白质所组成，膜上的磷脂分子中含有较多的不饱和脂肪酸，这些不饱和脂肪酸易受自由基的作用生成过氧化脂质，在衰老、疾病、辐射损伤、紫外线照射和某些药物的作用下形成自由基。它使生物体内细胞膜发生过氧化作用而受到损伤，使体内重要脏器及血管都受害导致疾病和老化。但机体某些酶及非酶系统能清除自由基，因此正常人血清中含量甚少，每克组织仅有 8～10mol/L。由于自由基的生物半衰期短，很难直接测定，因此测定血清脂蛋白分子中的过氧化脂质有助于了解自由基和过氧化脂质的代谢情况。

在生物体系中检测过氧化脂质是很困难的，一些金属离子、还原剂和某些酶使得过氧化脂质变得不稳定。脂质过氧化反应可形成丙二醛（malondialdehyde，MDA）、乙烷、共轭二烯、荧光产物和一些能发光的产物，测定这些产物的变化，就能表明过氧化反应的变化。

本实验采用硫代巴比妥酸（TBA）荧光测定法测定过氧化脂质，LPO 随蛋白质沉淀后，沉淀物在酸性环境下膜脂质过氧化而产生丙二醛，其与硫代巴比妥酸缩合后形成复合物，此红色化合物是荧光物质，这种复合物具有高灵敏荧光特性，从而可用荧光分光光度计来进行测定。本法具有灵敏度高、特异性好、方法快速等优点。

【仪器与耗材】

仪器：离心机、荧光分光光度计及记录仪等。

耗材：血清、注射器、一次性手套等。

【试剂】

1. 四乙氧基丙烷（TEP）标准溶液：准确吸取 TEP 100mL，加甲醇至 50mL，含量为 8mmol/L，在 4℃保存期为一个月。用时以双蒸水稀释成 8μmol/L TEP 标准工作液。

2. 20mmol/L TBA 溶液：称取 576.6mg TBA 溶于 80mL 水中，60℃以下加热助溶，稀释至 100mL，再与冰醋酸等量混合。

3. 甲醇。

【操作】

（1）取 3 支 10mL 带塞玻璃试管，分别为测定管、标准管和空白管，测定管加血清 20μL，标准管加 TEP 标准工作液 20μL，空白管加水 20μL。

（2）各管依次加水 2mL、TBA 溶液 1mL 混匀，100℃加热 60min。

（3）用流动水冷却，各加甲醇 1mL，充分混匀后，3000r/min 离心 10min。

（4）上清以激发波长（E_x）515nm、发射波长（E_m）550nm 测定各管荧光强度（F），按下式计算出 LPO 含量。

（5）计算：

血清 LPO 含量（μmol/L）=（$F_{测定} - F_{空白}$）/（$F_{标准} - F_{空白}$）×8

【注意事项】

1. 实验用水的纯度和玻璃仪器的清洁度要求较高，实验用水需为双蒸水。

2. 玻璃仪器需经 50%的硝酸除荧光，否则空白值较高，干扰测定。

【思考题】

1. 过氧化脂质测定的临床意义是什么？

2. 过氧化脂质测定过程中有哪些干扰因素？

实验十八　血清中肌酐浓度的测定（除蛋白碱性苦味酸法）

【实验目的】

1. 了解血清肌酐浓度的测定原理。
2. 熟悉血清肌酐浓度的测定方法。

【实验原理】

肌酐与碱性苦味酸反应，生成橙红色复合物，在 510nm 波长比色测定。

【仪器与耗材】

分光光度计等。

【试剂】

40mmol/L 苦味酸溶液、0.75mol/L NaOH 溶液、35mmol/L 钨酸溶液、10mmol/L 肌酐标准工作液、无蛋白质血滤液等。

【操作】

（1）取试管 1 支，加入血清 0.5mL，然后加入 35mmol/L 钨酸溶液 4.5mL，充分混匀后 3000r/min 离心，取上清备用。

（2）取试管 3 支，编号后按表 18-1 进行操作。

表 18-1　血清肌酐浓度的测定　　（单位：mL）

试剂	对照管	标准管	测定管
无蛋白质血滤液	—	—	3.0
10mmol/L 肌酐标准工作液	—	3.0	—

续表

试剂	对照管	标准管	测定管
蒸馏水	3.0	—	—
40mmol/L 苦味酸溶液	1.0	1.0	1.0
0.75mol/L NaOH 溶液	1.0	1.0	1.0

混匀，放置15min，以对照管调零，在510nm波长比色测定，记录各管的吸光度。

（3）按照下列公式计算血清（浆）肌酐的含量。

$$\text{血清(浆)肌酐含量}(\mu\text{mol/L}) = \frac{\text{测定管吸光度}}{\text{标准管吸光度}} \times 10$$

（4）参考区间：男性为44～133μmol/L，女性为70～106μmol/L。

【注意事项】

1. 肌酐测定时，各管温度需降至室温再进行比色，若温度升高可使苦味酸颜色加深，但标准与测定不一致。

2. 为确保测试结果较准确，每次测试应包括质控血清，且所测质控值必须落在允许范围之内。

3. 我国推荐用肌酐苦味酸比色法。

4. 如自制质控血清，应做好消毒处理工作。

5. 血清如当天不测，可置于冰箱内保存3d，长时间不测则可于–20℃保存。

6. 溶血可干扰肌酐的测定结果。

7. 实验中无蛋白质血滤液，其回收率受pH影响，当pH在2以下时，其回收率可达100%。

8. 苦味酸有毒，切勿吞服和接触皮肤，如不慎接触，要及时用大量的水清洗。

9. 苦味酸使用AR等级以上的试剂，如苦味酸不纯，可使对照管吸光度升高而影响测定结果。

10. 显色后15min内完成比色，如时间过久会影响测定结果的准确性。

11. 苦味酸是一种爆炸品，最好用塑料瓶盛装，并加少许蒸馏水。

【思考题】

请描述血清肌酐测定的临床意义。

实验十九　核酸的定量测定（紫外吸收法）

【实验目的】

1. 学习紫外吸收法测定核酸含量的原理。
2. 掌握利用紫外分光光度计测定核酸含量的方法。

【实验原理】

分子的紫外可见吸收光谱是由于分子中的某些基团吸收了紫外可见辐射光后，发生了电子能级跃迁而产生的吸收光谱。它是带状光谱，反映了分子中某些基团的信息，可以用标准光谱图再结合其他手段进行定性分析。

朗伯-比尔定律：当一束平行单色光通过含有吸光物质的稀溶液时，溶液的吸光度与吸光物质浓度、液层厚度乘积成正比，即 $A = kCl$。式中，比例常数 k 与吸光物质的本性、入射光波长及温度等因素有关；C 为吸光物质浓度；l 为透光液层厚度。

DNA 和 RNA 都有吸收紫外线的性质，最大吸收峰在 260nm 波长处。紫外吸收是嘌呤环和嘧啶环的共轭双键系统所具有的性质，所有含嘌呤和嘧啶的物质都具有吸收紫外线的性质。核酸和核苷酸的摩尔吸收系数用 ε（P）表示。ε（P）为每升溶液中含有 1mol 核酸磷时的吸光度（即光密度或光吸度）。RNA 的 ε（P）在 260nm（pH7）为 7700～7800，RNA 中磷的质量分数约为 9.5%，因此每毫升溶液中含 1.0μg RNA 的吸光度为 0.022～0.024。小牛胸腺 DNA 钠盐的 ε（P）在 260nm（pH7）为 6600，含磷的质量分数为 9.2%，因此每毫升溶液中含 1.0μg DNA 钠盐的吸光度为 0.020。不同形式 DNA 的紫外吸光度不同，因为 DNA 具有双螺旋结构，当过量的酸、碱或加热使 DNA 变性时，则出现 ε（P）在 260nm 升高的增色效应现象。在核苷酸量相同的情况下，ε（P）在 260nm 有以下关系：单核苷酸＞单链 DNA＞双链 DNA。DNA 变性后，双螺旋结构被破坏，碱基充分暴露，导致紫外吸光度增加，还可根据 DNA 溶液在 260nm 处的吸光度的变化监测 DNA 变性情况。变性 DNA 复性后，ε（P）在 260nm 降低，称为减色效应。

蛋白质由于含有芳香氨基酸，也能吸收紫外线。蛋白质的吸收峰在 280nm 波长处，在 260nm 处的吸光度仅为核酸的 1/10 或更低，因此核酸样品中蛋白质含量较低时对核酸的紫外测定影响不大。RNA 在 260nm 与 280nm 处吸光度的比值在 2.0 以上，DNA 在 260nm 与 280nm 处吸光度的比值为 1.9 左右。当样品中蛋白质含量较高时，该比值会下降，RNA 和 DNA 的吸光度比值分别低于 2.0 和 1.8 时，表示此样品不纯。用紫外吸收法测定核酸含量简便快速，灵敏度高，一般可达 3ng/L 的检测水平。

【仪器与耗材】

仪器：UV-754 型紫外分光光度计、离心管、离心机、分析天平、容量瓶（50mL）、烧杯（10mL）、微量加样器（0.5mL、2mL 和 5mL）等。

耗材：RNA 或 DNA 样品。

【试剂】

钼酸铵-过氯酸沉淀剂（0.25%钼酸铵-2.5%过氯酸溶液）：将 3.6mL 70%过氯酸和 0.25g 钼酸铵溶于 96.4mL 蒸馏水中。

【操作】

1. 测定

取洁净离心管甲、乙两支，分别准确加入 1.0mL DNA/RNA 样液，然后向甲管加入 1.0mL 蒸馏水，向乙管加入 1.0mL 钼酸铵-过氯酸沉淀剂，摇匀后置冰箱内 30min，使沉淀完全。3000r/min 离心 10min，各吸取上清液 0.5mL 转入相应的甲、乙两容量瓶内，定容至 50mL。以蒸馏水作空白对照，使用紫外分光光度计分别测定上述甲、乙两稀释液的 A_{260}。

2. 计算

试液中 DNA/RNA 总含量按下式计算。

$$\text{DNA}(\mu\text{g}) = \frac{\text{甲}A_{260} - \text{乙}A_{260}}{0.020} \times V_{\text{总}} \times D$$

$$\text{RNA}(\mu\text{g}) = \frac{\text{甲}A_{260} - \text{乙}A_{260}}{0.022} \times V_{\text{总}} \times D$$

式中，甲 A_{260} 为被测稀释液在 260nm 处的总吸光度；乙 A_{260} 为加沉淀剂除去大分子核酸后被测稀释液在 260nm 处的吸光度；两者之差（甲 A_{260}–乙 A_{260}）为被测稀释液的光密度值；$V_{\text{总}}$ 为被测试液总体积，单位为 mL；D 为样液的稀释倍数；0.020

为脱氧核糖核酸的比消光系数，即每毫升含 1μg DNA 钠盐的水溶液（pH 为中性）在 260nm 波长处，通过光径为 1cm 时的吸光度；0.022 为核糖核酸的比消光系数，是浓度为 1mg/L 的核糖核酸水溶液（pH 为中性）在 260nm 波长处，通过光径为 1cm 时的吸光度。

由于大分子核酸易发生变性，此值也随变性程度不同而异，因此一般采用比消光系数计算得到的 DNA 或 RNA 量是一个近似值。

【注意事项】

1. 紫外分光光度计使用前要预热。
2. 比色皿应成套使用，注意保护，用手拿时不能将手放光面上。
3. 使用离心机前必须将离心管平衡，对称放置。调速必须从低到高，离心完等转子完全停下后，再打开盖子，然后将转速调到最低。

【思考题】

1. 采用紫外吸收法测定样品的核酸含量有何优点及缺点？
2. 若样品中含有核苷酸类杂质，应如何校正？

实验二十　组织 DNA 的提取与鉴定

【实验目的】

1. 掌握动物组织中 DNA 提取的原理和操作方法。
2. 了解 DNA 定性检测的方法。
3. 熟悉台式低温离心机的使用方法。
4. 掌握琼脂糖凝胶电泳的原理和方法。

【实验原理】

细胞内 DNA 以核蛋白形式存在于细胞核中。其中脱氧核糖核蛋白主要存在于细胞核中，核糖核蛋白（RNP）主要存在于细胞质中。这两类核蛋白在 0.14mol/L 氯化钠溶液中的溶解度相差很大，核糖核蛋白在此溶液中具有很高的溶解度，脱氧核糖核蛋白的溶解度却相当低。小鼠肝制成肝匀浆后，在提取 DNA 的反应体系中，十二烷基硫酸钠（SDS）能使脱氧核糖核蛋白产生解聚作用，可破坏胞膜、核膜，并使组织蛋白质与 DNA 分子分离，乙二胺四乙酸（EDTA）抑制细胞中 DNase 的活性。在含有脱氧核糖核蛋白的溶液中加入 SDS，DNA 即与蛋白质分离开，用三氯甲烷（氯仿）将蛋白质沉淀除去，而 DNA 溶解于水相，再用酚、酚/氯仿抽提除去蛋白质，接着用氯仿抽提以除去 DNA 溶液中的微量酚，最后用无水乙醇沉淀 DNA。为获得高纯度 DNA，操作过程中常加入 RNase 除去 RNA。获得高分子质量 DNA 的关键是防止 DNase 降解 DNA，故标本必须新鲜。在提取前细胞就保持完整，核、溶酶体等细胞器应没有明显被破坏，提取 DNA 用的离心管等器皿及试剂应消毒。操作在 4℃以下进行。

DNA 和 RNA 在波长 260nm 处有很高的吸收峰值，蛋白质则在 280nm 处有很高的吸收峰值。利用这个原理，测定纯化样品在 260nm 和 280nm 处的吸光度，可以推算出样品中 DNA 的浓度，并判断其纯度。在标准条件下，当 $A_{260}=1$ 时，样品中双链 DNA 的浓度为 50μg/mL，单链 DNA 的浓度为 40μg/mL。纯净的 DNA 样品 A_{260}/A_{280} 约为 1.8，样品中含有蛋白质或其他杂质，会使 A_{260}/A_{280} 下降。

【仪器与耗材】

仪器：玻璃匀浆器、台式冷冻离心机、混合器、电热恒温干燥箱、分光光度计、超纯水系统、立式冰箱、微波炉、三用恒温电泳仪、电泳槽、UV-IV 紫外分析仪、可调式移液器等。

耗材：小鼠肝、EP 管、吸头、滤纸、一次性手套等。

【试剂】

（1）蛋白酶 K（称取 20mg 蛋白酶 K 溶于 1mL 消毒双蒸水中，贮于−20℃冰箱备用）。

（2）RNase（牛胰）：称取 10mg RNase 溶于 1mL 下列混合液中，10mmol/L Tris-HCl（pH8.0）、1mmol/L EDTA-Na_2（pH8.0）、50%甘油。

（3）10% SDS 溶液：称取 10g SDS 溶于 100mL 消毒双蒸水中，于 65℃保温 2h，贮存于室温备用。

（4）1×TE 缓冲液（pH8.0）：10mmol/L Tris-HCl（pH8.0）、1mmol/L EDTA-Na_2（pH8.0）。配制后高压灭菌，4℃贮存。

（5）1×TE 饱和重蒸酚（pH8.0）。

（6）氯仿/异戊醇（24∶1，*V/V*）：10mol/L NH_4Ac，配制后高压灭菌，4℃贮存。

（7）无水乙醇（AR）。

（8）70%乙醇。

【操作】

1. 组织 DNA 的提取

（1）取小鼠新鲜肝组织，去除结缔组织，用剪刀剪成细小碎块。

（2）加 10 倍体积 1×TE 缓冲液，用玻璃匀浆器在冰浴中中速匀浆，并将匀浆液转入 10mL 离心管，以 4000r/min 离心 10min，弃上清。

（3）加 10 倍体积 1×TE 缓冲液洗一遍，以 4000r/min 离心 10min，弃上清，加适量 1×TE 缓冲液稀释。

（4）取 400μL 稀释液于 1.5mL EP 管中，缓慢加入 10% SDS 溶液，至终浓度 0.5%（加 20μL），摇匀直至溶液变黏稠。

（5）加入 RNase（200μg/mL）至终浓度 20μg/mL（42μL）混匀，置 37℃保温 60min（总体积为 420μL）。

（6）加蛋白酶 K（20mg/mL）至终浓度 100μg/mL 混匀（加 21μL），于 50℃保温 3h，并间歇搅动（总体积为 441μL）。

（7）将此溶液冷却至室温，加等体积饱和酚抽提，以 10 000r/min 离心 10min；取上清加 1/2 体积饱和酚、1/2 体积氯仿/异戊醇抽提一次，以 10 000r/min 离心 10min；取上清，加等体积氯仿/异戊醇抽提一次，以 10 000r/min 离心 10min。

（8）加 1/10 体积 5mol/L KAc，加 2 倍体积无水乙醇充分混匀，以 12 000r/min 离心 10min。

（9）加 1mL 70%乙醇洗沉淀，以 12 000r/min 离心 10min，待乙醇挥发尽后加 20μL 1×TE 缓冲液溶解，于 4℃储存。

2. 电泳鉴定

（1）将 1%浓度的琼脂糖凝胶［含 0.5μg/mL 溴化乙锭（EB）］铺于水平电泳槽上，并插上梳子。

（2）待凝胶凝固，将梳子拔出，取 DNA 样品 2μL 加上样缓冲液 10μL（含溴酚蓝指示剂和甘油），在 0.8%琼脂糖凝胶进行水平微型电泳，电压＜5V/cm，时间 2h 左右。

（3）电泳后取出凝胶，用 0.5μg/mL 的溴化乙锭染色 20min，用紫外线灯观察分析。

【注意事项】

1. 用高盐浓度的溶液溶解 DNA，能除去在高盐中不能溶解的杂质；用低盐浓度使 DNA 析出，能除去溶解在低盐溶液中的杂质。因此，通过反复溶解与析出 DNA，就能够除去与 DNA 溶解度不同的多种杂质。

2. 在制备肝匀浆时，应尽量在冰冷条件下进行，并尽快加入含 0.01mol/L 柠檬酸钠的 0.14mol/L 氯化钠溶液，抑制脱氧核糖核酸酶，防止 DNA 的分解，以提高核酸的提取量。

3. 操作步骤应力求准确，尽量减少途中核酸的丢失。

4. 稀释后应尽量使样品 A_{260}、A_{280} 处于 0.1～0.7。

【思考题】

1. 简要说明无水乙醇沉淀核酸的机理。

2. 如何判断 DNA 提取的纯度？

实验二十一　DNA 和 RNA 浓度的检测

【实验目的】

熟练掌握 DNA 和 RNA 浓度的检测及计算方法。

【实验原理】

DNA 或 RNA 链上碱基的苯环结构在紫光区具有较强的吸收，其吸收峰在 260nm 处。波长为 260nm 时，DNA 或 RNA 的光密度 OD_{260} 不仅与总含量有关，也随构型不同而有差异。对于标准样品来说，浓度为 1μg/mL 时，DNA 钠盐的 $OD_{260} = 0.02$，当 $OD_{260} = 1$ 时，双链 DNA（dsDNA）的浓度约为 50μg/mL；单链 DNA（ssDNA）的浓度约为 37μg/mL；RNA 浓度约为 40μg/mL；寡核苷酸浓度约为 30μg/mL。当 DNA 样品中含有蛋白质、酚或其他小分子污染物时，会影响 DNA 吸光度的准确测定。在一般情况下，同时检测同一样品的 OD_{260}、OD_{280} 和 OD_{230}，计算其比值来衡量样品的纯度。经验值：纯 DNA $OD_{260}/OD_{280} \approx 1.8$（＞1.9，表明有 RNA 污染；＜1.6，表明有蛋白质、酚等污染），纯 RNA 为 $1.7 < OD_{260}/OD_{280} < 2.0$（＜1.7 时表明有蛋白质或酚污染；＞2.0 时表明可能有异硫氰酸残存）。OD_{260}/OD_{280} 用于估计核酸的纯度，OD_{260}/OD_{230} 用于估计去盐的程度。对于 RNA 纯制品，其 $OD_{260}/OD_{280} \approx 2.0$，$OD_{260}/OD_{230}$ 应大于 2.0。$OD_{260}/OD_{280} < 2.0$ 可能是蛋白质污染所致，可以增加酚抽提。$OD_{260}/OD_{230} < 2.0$ 说明去盐不充分，可以再次沉淀和 70%乙醇洗涤。

【仪器与耗材】

移液器、1.5mL 离心管、UV-754 型紫外分光光度计、微量核酸检测仪（图 21-1）等。

【试剂】

灭菌重蒸水、TE 缓冲液等。

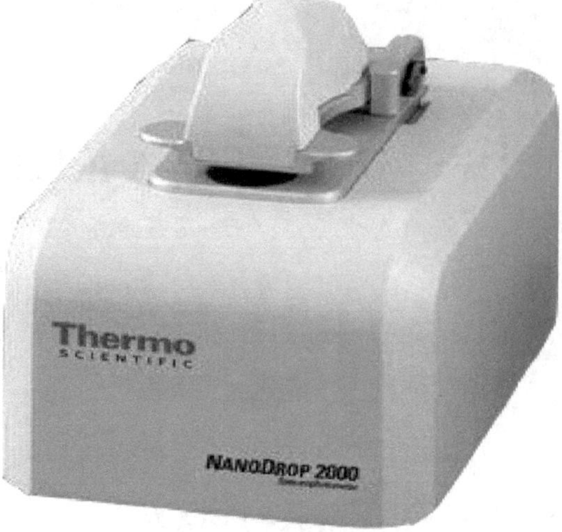

图 21-1　微量核酸检测仪

【操作】

（1）把紫外分光光度计开机预热 10min。

（2）用重蒸水洗涤比色皿，再用吸水纸吸干，加入 TE 缓冲液后，放入样品室，关上盖板。

（3）设定狭缝后调零。

（4）将标准样品和待测样品适当稀释后，记录编号和稀释度。

（5）把装有标准样品或待测样品的比色皿放进样品室，关闭盖板。

（6）设定紫外线波长，分别测定 230nm、260nm、280nm 波长时的 OD 值。

（7）计算待测样品的浓度与纯度。

DNA 样品的浓度（μg/μL）= OD_{260}×稀释倍数×50/1000

RNA 样品的浓度（μg/μL）= OD_{260}×稀释倍数×40/1000

实验二十二　大肠杆菌质粒 DNA 的提取与纯化

【实验目的】

1. 学习和掌握碱裂解法少量抽提大肠杆菌质粒 DNA 的基本原理、方法及操作过程。

2. 理解各种试剂的作用，掌握质粒（plasmid）最常用的提取方法。

【实验原理】

基因工程是生物技术最核心的技术。基因工程分离到的目的基因不具备自主繁殖的能力，需要载体携带入细胞才能复制和表达。携带目的基因进入宿主细胞进行扩增和表达的工具称为载体。目前载体主要有：大肠杆菌中的质粒 pUC19、pBR322、pETBlue-2 等；噬菌体载体 λ 噬菌体、M13 噬菌体；酵母人工染色体载体；动植物病毒载体等。载体必须具备一些必备的条件：①复制原点，是一段特殊结构的 DNA 序列，载体有复制点才能使与它结合的外源基因复制繁殖；②尽可能多的单一限制性酶切位点，供目的基因插入；③合适的选择性标记基因，便于检测鉴定。

质粒是基因工程常用的一种载体。它是存在于细菌染色体外的共价闭合环状 DNA，能独立复制并稳定遗传。质粒是小型双链 DNA 分子，按其复制方式分为两种类型：松弛型质粒和严紧型质粒。松弛型质粒的复制不需要质粒编码的功能蛋白，完全依赖于宿主提供的半衰期较长的酶。即使蛋白质合成受抑制，质粒的复制依然进行。当抑制蛋白质合成并阻断细菌染色体复制的氯霉素等抗生素存在时，质粒的拷贝数可达 2000～3000。严紧型质粒的复制需要一个质粒编码的蛋白，质粒的拷贝数不能通过用氯霉素等蛋白质合成抑制剂来增加。大多数基因工程使用松弛型质粒。严紧型质粒用来表达一些可使宿主细胞受毒害致死的基因。质粒的特点使其成为携带外源基因进入细菌中扩增或表达的重要媒介物，这种基因运载工具在基因工程中具有极广泛的应用价值。常用碱裂解法、煮沸裂解法等抽提质粒。本实验采用碱裂解法抽提质粒 DNA。碱裂解法是一种应用最为广泛的制备质粒 DNA 的方法，主要包括收集细菌菌体、裂解细胞、分离质粒 DNA 及纯化质粒。基本原理为：用溶菌酶及 NaOH 和 SDS 溶液处理细菌，使细菌细胞破裂，从而使质粒 DNA 和基因组 DNA 从细胞中同时释放出来。质粒 DNA 相对于染色体 DNA 具有相对较小、复性较快的特性。在强碱性条件下，线性染色体 DNA 的双螺旋结构解开而变性，质粒 DNA 的氢键虽然断裂，但两条互补链彼此缠绕，紧密结合在一起。当 pH 恢复至中性时，质粒 DNA 分子再次形成双链而复性，染色体 DNA 分子由于分子较大难以复性。离心后，染色体 DNA 与细胞碎片一起被沉淀至离心管底部，质粒 DNA 留在上清液，这样就可以将质粒 DNA 与染色体 DNA 分离，获得质粒 DNA。再用乙醇或异丙醇沉淀并洗涤上清液中的质粒 DNA，就可以得到较纯的质粒 DNA。

琼脂糖凝胶电泳的基本原理：电泳是带电粒子在电场中的泳动现象。其泳动速度与样品分子的电荷密度、电压成正比；与样品分子的分子质量、介质黏度及电阻成反比。核酸作为两性分子，在 pH8 左右时，碱基几乎不解离，而磷酸全部解离，整个分子带负电荷。不同的核酸分子由于具有相同的磷酸戊糖结构，几乎具有相同的电荷密度，因此线性分子在凝胶中的迁移率与其所含碱基对数目的对数值成反比，可以近似用于估算分子的大小。琼脂糖凝胶分离范围广（200bp～50kb），可以制成不同大小的孔隙度，具有分子筛效应。

【仪器与耗材】

恒温水浴锅、超净工作台、高压灭菌锅、台式高速离心机、pH 计、电泳仪、电泳槽、微量取液器、涡旋仪、凝胶成像系统、微波炉等。

【试剂】

1. 含质粒载体（质粒 pUC19）的大肠杆菌 DH5α，使用其他带氨苄青霉素抗性标记的质粒也可，保存在甘油中贮于–20℃冰箱。

2. LB 液体培养基（1L）：胰蛋白胨（tryptone）10g、酵母提取物（yeast extract）5g、NaCl 10g，加入去离子水至 800mL 后搅拌，加热使溶质完全溶解，用 10mol/L NaOH 调节 pH 至 7.0，加去离子水至 1L，121℃高压蒸汽灭菌 20min，备用。

3. LB 固体培养基：15g 琼脂粉加入上述 LB 液体培养基（1L）。

4. 氨苄青霉素（Amp）：用无菌水配制成 100mg/mL 溶液，于–20℃冰箱保存。

5. 溶液Ⅰ：50mmol/L 葡萄糖、25mmol/L Tris-HCl（pH8.0）、10mmol/L EDTA（pH8.0），110℃高压灭菌 15min，4℃保存备用。

6. 溶液Ⅱ：0.2mol/L NaOH、1% SDS（现配现用，使蛋白质或脂类等菌体成分变性），用 10mol/L NaOH 和 20% SDS 配制。

7. 溶液Ⅲ：5mol/L 乙酸钾（CH_3COOK）60mL、冰醋酸 11.5mL、去离子水 28.5mL，定容至 100mL。

溶液终浓度为：钾盐 3mol/L，乙酸 5mol/L（pH4.8）。

8. 酚/氯仿/异戊醇（$V:V:V=25:24:1$）。

9. 胰 RNA 酶。

10. 无水乙醇。

11. 异丙醇。

12. TE 缓冲液：10mmol/L Tris-HCl、1mmol/L EDTA，高压灭菌处理。

13. 10×TBE 电泳缓冲液：称取 Tris 108g、硼酸 55g、7.44g EDTA-$Na_2 \cdot 2H_2O$，定容至 1L。

14. 凝胶上样缓冲液：6×上样缓冲液或者 10×上样缓冲液（含有溴酚蓝，使样品带颜色；分子质量小，近乎自由电泳，用于前沿指示剂）。

15. 常用染料：①EB，加入胶中或电泳后染色。EB 插入核酸碱基平面，吸收紫外线的能量产生荧光，荧光的强度与 DNA 的量在一定范围内呈正相关。将 EB 溶液配制成 10mg/mL，黑纸包裹。②SYBR，新型低毒、高灵敏度荧光染料，可直接加入样品中，价格较昂贵，对 DNA 的迁移率有一定的影响。③GoldView，无明显的致癌作用，灵敏度与 EB 相当，加入胶中 5μL/100mL 胶，在紫外线灯下，双链 DNA 呈现绿色荧光而单链 DNA 呈现红色荧光。对皮肤、眼睛有刺激，操作时必须戴手套。

16. 琼脂糖（Agarose）。

17. 70%乙醇：70mL 无水乙醇用无菌水定容至 100mL。

18. marker：琼脂糖凝胶电泳 marker 是用来作参考的，类似于标尺的作用。marker 会跑出很多条带，对应带的片段长度是一定的；通过找到与样品平齐的带，可以间接地判定样品的片段长度。

【操作】

1. 获得对数生长期的大肠杆菌（超净工作台）

（1）用灭菌的接种环蘸取含质粒载体的单菌落于 LB 固体培养基（含氨苄青霉素）上涂平板，37℃倒置培养 24h。

（2）用灭菌的牙签挑取培养后的单菌落接种于 5mL 含有 50μg/mL 氨苄青霉素的 LB 液体培养基中，37℃振荡培养过夜（加入氨苄青霉素的目的是筛选含有氨苄青霉素抗性基因的细菌）。

2. 提取质粒 DNA

（1）取 1.5mL 大肠杆菌培养液至 1.5mL 离心管中，10 000r/min 离心 1～2min，弃上清液重复两次。沉淀悬于 200μL 溶液 I 中，在涡旋仪上振荡数秒使充分悬浮。

（2）加入 300μL 溶液Ⅱ，缓慢地上下颠倒数次，待溶液转变为澄清透明后置于 0℃冰箱中放置 5min。

（3）加入 300μL 溶液Ⅲ，缓慢地上下颠倒混匀，待溶液转变为澄清透明后置于 0℃冰箱中放置 5min。

（4）12 000r/min、4℃离心 10min，将上清液移至 1 个干净的灭菌离心管中（记下所吸取的体积）。

（5）加入与上述吸取的体积数相等的酚/氯仿/异戊醇，上下颠倒混匀（注意动作要轻）。12 000r/min、4℃离心 5min，取上清液。

（6）在上清液中加入预冷的等体积异丙醇，于–20℃条件下沉淀 20～30min。12 000r/min 离心 10min。

（7）弃上清液，沉淀加入 500μL 70%乙醇洗涤 2 次（12 000r/min 离心 2min）。

（8）弃上清液（注意沉淀勿丢失），室温或真空干燥沉淀。

（9）加入 25μL 无菌水和 1μL 含 RNase A 的 TE 缓冲液溶解沉淀。

3. 琼脂糖凝胶的配制

配制 1.0%琼脂糖凝胶的过程如下。

（1）琼脂糖凝胶适用于分离 200bp～50kb 大小的 DNA 片段，满足本实验鉴定要求。称取 1g 琼脂糖溶于 100mL 电泳缓冲液（0.5×TBE 电泳缓冲液：用 10×TBE 电泳缓冲液稀释 20 倍）。

（2）用微波炉加热琼脂糖进行充分溶解（匀质透明的无气泡液体）。

（3）戴上橡胶手套，外套一次性手套，用移液器向琼脂糖溶液中加入 EB 混匀，冷却至不烫手时缓缓注入带有“梳子”的胶床中。等待胶凝固（注胶过程中动作要缓慢，避免产生气泡）。

4. 电泳分析

取 2μL 提取的质粒样品并加入 1μL 6×上样缓冲液混匀，然后进行 1%琼脂糖电泳，加样和 marker。用凝胶成像系统进行观察和拍照。

【注意事项】

1. 菌体中不可混有培养基。

2. SDS 在室温下常形成沉淀，使用溶液Ⅱ前需在 37℃水浴几分钟，使沉淀消失后再使用。

3. 碱变性的时间不宜过长，质粒长时间处于强碱性环境中可发生不可逆变性。时间一般应该小于 5min。

4. 添加溶液Ⅱ和溶液Ⅲ后不能在涡旋仪上混合，混合动作要轻。加入溶液Ⅱ后溶液变澄清、具黏性；加入溶液Ⅲ后出现絮状沉淀。

5. 加入溶液Ⅲ后必须充分混匀并置于冰上，须看到大量白色沉淀，否则说明实验失败。

6. 酚和氯仿具有腐蚀性，使用时需注意不要与皮肤直接接触，如果皮肤碰到酚和氯仿，应用肥皂水和大量清水冲洗。

【思考题】

1. 碱裂解法提取质粒 DNA 需要注意哪些问题？
2. 质粒抽提中溶液Ⅰ、溶液Ⅱ和溶液Ⅲ起的作用分别是什么？

实验二十三　肝总 RNA 的提取与琼脂糖凝胶电泳鉴定

【实验目的】

1. 掌握动物肝组织总 RNA 制备的基本原理和方法。
2. 掌握 RNA 的琼脂糖凝胶电泳鉴定方法。

【实验原理】

核酸包括 DNA 与 RNA，都属于遗传物质。在真核生物中，由于绝大多数基因含有内含子，因此不能直接由基因组克隆目的基因，提取 RNA 并反转录形成 cDNA 或构建 cDNA 文库是获取真核生物表达基因的主要手段。此外，在利用 RNA 印迹法（Northern blotting）等技术分析基因表达水平时也需要提取 RNA。RNA 在细胞中多与蛋白质结合形成核蛋白存在，因此在提取 RNA 时需要破碎组织细胞，将 RNA 释放入溶液中，使蛋白质与 RNA 分离，并将蛋白质及 DNA 等其他细胞成分去除，从而分离得到 RNA 纯品。

动物肝 DNA、RNA 的相对含量较多，较容易提取，故本实验选取小鼠肝作为提取组织。RNA 提取的方法很多，如热酚法、氯化锂法、SDS-苯酚联合抽提法、氯仿一步提取法等。氯仿一步提取法提取 RNA 的基本原理是生物样本在酸性溶液状态下，其 RNA、DNA 和蛋白质可以释放和分离，DNA 和蛋白质分别进入有机相的上下层，而 RNA 留在水相。氯仿一步提取法利用异硫氰酸胍（GTC）和 β-巯基乙醇（β-Me）抑制 RNA 酶活性，通过 GTC 和十二烷基肌酸钠（SLS）的联合作用，促使 RNP 解聚并将 RNA 释放到溶液中，然后用酸酚选择性地将 RNA 抽提至水相，与 DNA 和蛋白质分离后，最后经异丙醇沉淀回收总 RNA。氯仿一步提取法的优点是有强烈的蛋白质变性剂，它能强烈地抑制材料及提取液中的 RNA 酶的活性，获得的 RNA 具有产率高、纯度好且不易降解等特点，方法简单快速，是目前常用的 RNA 提取方法。

高纯度的 RNA 的 A_{260}/A_{280} 应处于 1.6～1.8，A_{260} 与 RNA 浓度呈正相关。RNA 的完整性可通过电泳检测。由于 RNA 为单链分子，二级结构复杂，必须首先利用甲醛胺变性 RNA，再进行甲醛变性。琼脂糖凝胶电泳常用变性琼脂糖凝胶电泳检查所提取的 RNA 的完整性。用变性琼脂糖凝胶电泳分离真核细胞总 RNA 后，在紫外线灯下观察可见三条带，即 28S rRNA、18S rRNA、5S rRNA。其中 28S 和 18S 两条带浓度较高，其 EB 染色强度应为 2∶1 左右。RNA 产物的定量与纯度检测一般利用紫外分光光度法。

【仪器与耗材】

仪器：玻璃匀浆器、台式冷冻离心机、电热手提高压锅、颗粒型制冰机、混合器、电热恒温干燥箱、分光光度计、超纯水系统、立式冰箱、微波炉、三用恒温电泳仪、电泳槽、UV-Ⅳ紫外分析仪、可调式取液器等。

耗材：小鼠肝、EP 管、吸头、滤纸、一次性手套等。

【试剂】

焦碳酸二乙酯（DEPC）水（按 1∶1000 体积比，将 DEPC 加入 ddH_2O 中，室温放置 12h，高压灭菌 15min）、变性液（含 4mol/L 异硫氰酸胍、25mmol/L 柠檬酸钠、0.5%十二烷基肌酸钠及 0.1mol/L 二硫基乙醇）、2mol/L 乙酸钠（pH4.0）、水饱和酚、氯仿、异丙醇、75%乙醇、10×MOPS［3-（*N*-马琳代）丙磺酸］缓冲液、10×上样缓冲液、1mg/mL 溴化乙锭、甲酰胺、琼脂糖等。

【操作】

1. RNA 提取

（1）断颈处死小鼠，取鼠肝，称重。

（2）在研钵中加入变性液（每 50g 或 100g 组织加 1mL 变性液）和适量的液氮，将肝组织样品迅速研磨成匀浆。

（3）加入 2mol/L 乙酸钠（pH4.0）200μL，充分混匀。

（4）加入 0.2mL 氯仿和等体积水饱和酚，充分振荡混匀。

（5）冰浴放置 15min，4℃、12 000r/min 离心 10min。

（6）将上层水相移入另一新的 EP 管中（注意不要吸取中间层），加入 1mL 异丙醇，于–20℃沉淀 1h。

（7）4℃、12 000r/min 离心 10min，弃上清液。

（8）加入 1mL 75%乙醇洗涤沉淀，12 000r/min 离心 5min，用 10μL 吸头彻底吸弃残余液体。

（9）自然晾干沉淀，用 20μL DEPC 水溶解，取 2μL 检测其完整性，取 5μL 检测其纯度。

2. RNA 的琼脂糖凝胶电泳鉴定

（1）制备琼脂糖凝胶：将琼脂糖 1g 溶于 100mL 1×TBE 电泳缓冲液中，冷却至 60℃。加入 3μL EB，混合均匀并灌制胶板。由于甲醛具有挥发性，不能直接加热，必须让凝胶单独加热熔化后加入。

（2）取 2μL RNA 溶液，加入甲酰胺 8μL，于 65℃变性 5min，迅速冰浴冷却，点样。加热后迅速冷却的目的是防止 RNA 复性。

（3）150V 电泳 30min，在紫外线下观察电泳结果。

3. RNA 浓度和纯度的测定

取 10μL RNA 溶液，稀释至 1000μL，测定 260nm、280nm 和 230nm 波长的 A 值。计算 A_{260}/A_{280}、A_{260}/A_{230}。

RNA 浓度（μg/μL）=（A_{260}×40×稀释倍数）/1000

【注意事项】

1. 由于实验室试剂、器皿、空气、操作者手上都有可能带上外源性 RNA 酶，因此提取总 RNA 时要保持动物组织新鲜。

2. 组织取出后要迅速充分匀浆。

3. 实验所用仪器用 0.1% DEPC 水配制，处理过夜后，高压灭菌。

4. 实验过程尽量低温操作。

5. 勿真空干燥 RNA，过度干燥的 RNA 不易溶解。

6. 离心后溶液分为三相，即上层的水相、下层的有机相及中间的变性蛋白相。小心吸取上层水相，绝不能有中层蛋白混入。

7. 抽提 RNA 时，应戴手套和口罩，少说话。

8. DEPC 是强烈的烷化剂，通过与 RNA 酶的活性基团组氨酸的咪唑环反应而抑制 RNA 酶活性，是消除外源性 RNA 酶的主要方法。但 DEPC 有致癌作用，并具有很强的反应性，因此注意使用时，不能直接接触 DEPC 处理的器皿和水，必须经高压灭菌处理，使 DEPC 分解后再作他用。

【思考题】

1. RNA 抽取率低的原因是什么？

2. 为什么高纯度 RNA 的 A_{260}/A_{280} 为 1.6～1.8，表示何意？

实验二十四　反转录聚合酶链反应检测肝甘油醛-3-磷酸脱氢酶 mRNA

【实验目的】

1. 掌握反转录聚合酶链反应（reverse transcription-PCR，RT-PCR）的基本原理及方法。

2. 熟悉 PCR 仪的基本操作步骤。

3. 了解甘油醛-3-磷酸脱氢酶（GADPH）在常规 PCR 中的意义。

【实验原理】

RT-PCR 的基本原理是：利用反转录酶催化 dNTP 聚合成与细胞因子 mRNA 模板互补的单链 DNA（cDNA），以 cDNA 为模板在 PCR 反应系统中进行扩增，然后通过琼脂糖凝胶电泳法检测 RT-PCR 的产物，从而间接检测细胞因子 mRNA。

【仪器与耗材】

DNA 扩增仪、台式低速离心机、低温高速离心机、涡旋仪、稳压稳流电泳仪、水平电泳槽、紫外凝胶分析系统、微量进样器（0.5～10μL 连续可调）、EP 管（0.5mL）及枪头。

【试剂】

1. 新鲜小鼠肝。

2. 总 RNA 提取试剂：DEPC 水、氯仿、异丙醇、70%乙醇、异硫氰酸胍裂解液（工作液：临用前在 20mL 贮存液加入 140μL β-巯基乙醇）、水饱和酚、2mol/L 乙酸钠（pH4.0）。

3. 反转录聚合酶链反应试剂：AMV 反转录酶、RNase（20～40U/L）、随机引物、脱氧核苷酸磷酸、反转录缓冲液（5×）、*Taq* DNA 聚合酶、GADPH 引物、PCR 缓冲液、$MgCl_2$ 溶液（25mmol/L）。

4. 琼脂糖凝胶电泳试剂：琼脂糖（agarose）、载样缓冲液、Generuler™ 100bp DNA marker、溴化乙锭液（20mg/mL）、50×TAE 电泳缓冲液（Tris-乙酸缓冲液）。

【操作】

1. 异硫氰酸胍/苯酚（Trizol）法提取肝总 RNA

Trizol 提取 RNA 是一种传统的 RNA 提取方法，适用于大部分动物样本。异硫氰酸胍能使核蛋白复合体解离，并将 RNA 释放到溶液中。氯仿是分子质量比较大的有机溶剂，在提取 RNA 时，氯仿可以有效地使有机相和无机相迅速分离。有机相中主要是酚和蛋白质及 DNA，RNA 则进入水相。异丙醇通过—OH 的疏水作用使得 RNA 亲水基团受到保护，在离心条件下发生沉淀。具体操作如下。

（1）处死小鼠，取肝组织，剪取 50～100mg（0.5cm×0.5cm×0.5cm）。

（2）放入已加入 1mL 裂解液的研磨器中（5mL 离心管）。

（3）匀浆，转移到 1.5mL EP 管中。

（4）加 0.2mL 氯仿，剧烈振荡 15s，室温放置 2～3min。

（5）4℃、15 000r/min 离心 15min。

（6）小心吸取上层水相于另一新的 EP 管中，加等体积异丙醇，颠倒混匀，放置 10min。

（7）4℃、15 000r/min 离心 15min，弃上清。

（8）加 1mL 75%乙醇重悬，4℃、12 000r/min 离心 8min。

（9）弃上清，在超净台内室温干燥 3～5min（不要太干）。

（10）加 50μL 无 RNase 水溶解 RNA 样品，待用。

（11）RNA 样品浓度测定：

$$\text{RNA 样品的浓度（μg/μL）} = OD_{260} \times \text{稀释倍数} \times 40/1000$$

2. 反转录

在超净台中，用 0.2mL PCR 管加入如下试剂：

5×反转录酶缓冲液	5μL
dNTP	2μL
Oligo（dT）	2μL
RNA 酶抑制剂	1μL

MLV 反转录酶	1μL
RNA 样品	3μg（3μL）
无 RNA 酶水补充至	25μL

（1）取 0.2mL 离心管，加入水、引物及 RNA 样品。

（2）95℃，3～5min，立即于冰上待用。

（3）将缓冲液、dNTP 加入上述离心管。

（4）将酶加入离心管中。

（5）稍离心并混合。

（6）42℃、60min→70℃、5min→于冰上待用。

3. PCR（图 24-1）

（1）取 0.2mL 离心管于冰上，分别加入：

无 RNA 酶水	8.5μL
2×PCR 缓冲液	12.5μL
目的基因引物（上、下游）各	1μL
RT 产物（稀释 30 倍）	2μL
	共 25μL

（2）稍离心并轻混。

（3）于 PCR 仪中，94℃变性 3s，进入下述循环：94℃30s→55℃30s→72℃ 50s。

（4）共 30 次循环，最后一次 72℃，8min。

（5）电泳鉴定，于–20℃保存。

4. 琼脂糖凝胶电泳

图 24-1　PCR 仪

琼脂糖是由琼脂分离制备的链状多糖。其结构单元是 D-半乳糖和 3, 6-脱水-L-半乳糖。琼脂糖链依靠氢键及其他化学键使其互相盘绕形成绳状琼脂糖束，构成大网孔型凝胶。琼脂糖本身不带有电荷，因此该凝胶适合于核酸及其他大分子的分离、鉴定及纯化。DNA 分子琼脂糖电泳液中带负电荷，其在琼脂糖凝胶中泳动时，有电荷效应与分子筛效应。不同 DNA 的分子质量大小及构型不同，电泳时的泳动率就不同，从而分出不同的区带，实验操作步骤如下。

（1）制胶（图 24-2）：称取琼脂糖 3g 放入锥形瓶中，加 1×TAE 电泳缓冲液至体积 200mL，加 20mg/mL 溴化乙锭 10μL，于微波炉内加热溶解。待凝胶冷却至 60℃左右，倾于已放好加样梳的托架上，使凝胶厚度为 3～5mm。凝胶完全凝固后拔取梳子，将凝胶从托架上取出，放于装有电泳液的电泳槽中，电泳液没过胶面 1mm，加样孔靠近负极端。

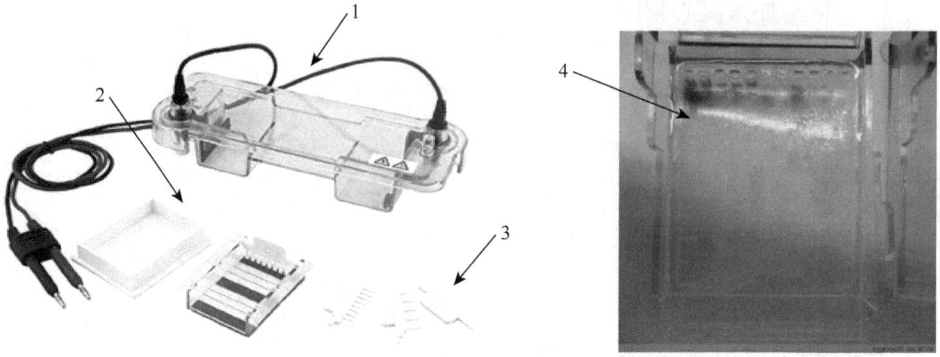

图 24-2　琼脂糖凝胶电泳仪及制胶板

1. 水平电泳槽；2. 制胶板；3. 梳子；4. 琼脂糖凝胶

（2）加样：在微量加样板上加 5μL RT-PCR 产物，与 1μL MBI 载样缓冲液混匀，用微量加样器加入样品孔中，将 Generuler^{TM} 100bp DNA marker 加入另一样品孔中（图 24-3）。

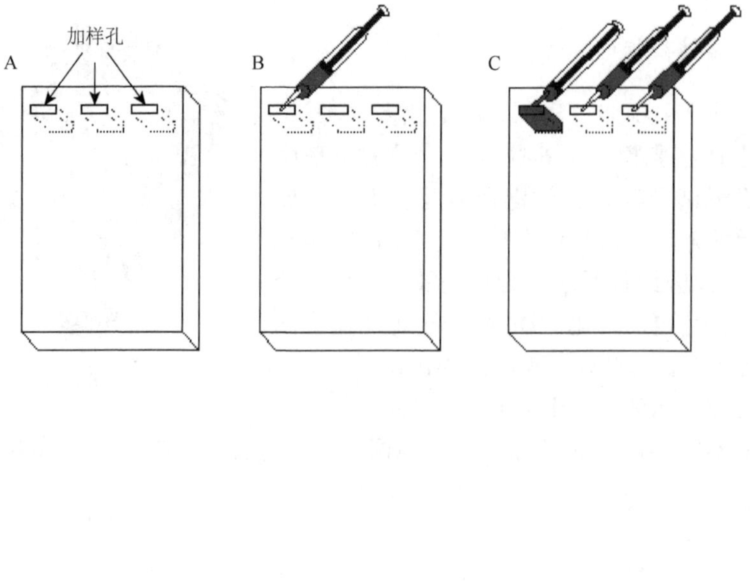

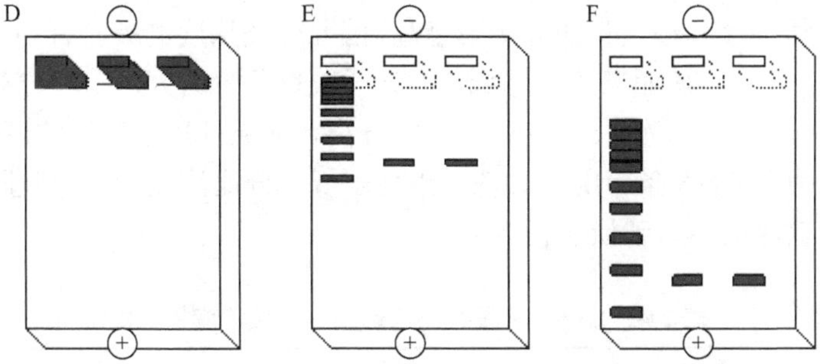

图 24-3　点样示意图

（3）电泳：盖上电泳槽，接通电源，以 5V/cm 左右的电压进行电泳。一般溴酚蓝（载样缓冲液内的一种染料）前移 3～4cm 时，即可停止电泳。

（4）检测：将凝胶置于紫外凝胶分析系统（图 24-4）中，观察各泳道是否有红橙色荧光带的出现，并与同时电泳的 DNA marker 条带相比较。扫描各泳道 GADPH RT-PCR 产物的荧光强度，从而对 GADPH mRNA 进行半定量分析。

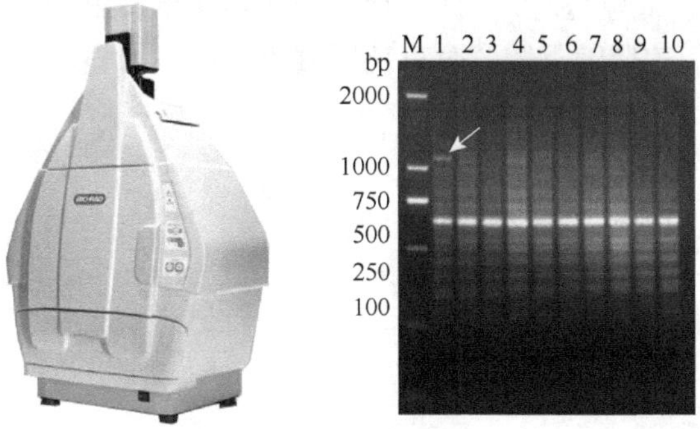

图 24-4　凝胶成像系统

【注意事项】

1. 所有涉及 RNA 提取和反转录反应的实验器材均需严格进行 RNA 酶灭活处理，离心管及吸头等必须高温高压灭菌并一次性使用。

2. 抽提总的 RNA 时应小心吸取上层水相转入新的离心管，注意勿吸取水相与有机相界面层，此层含有 DNA 及蛋白质，这些物质对 PCR 有影响。

3. 采用热启动 PCR 可以避免非特异性 PCR 产物和引物二聚体的生成。

4. 不同公司提供的反转录试剂、PCR 试剂会有所差异，具体的体系、反应的条件应根据实际情况调整。

5. 琼脂糖凝胶浓度的选择。DNA 凝胶电泳所需的标准琼脂糖浓度为 1.0%。

浓度越高，凝胶越硬，小条带的分辨率越高，因此较高浓度的凝胶有利于较小 DNA 片段的分离；反之，琼脂糖浓度越低，大分子质量条带的分辨率和分离程度越高，较低浓度的凝胶有利于较大 DNA 片段的分离。如果使用了错误浓度的琼脂糖凝胶，就很难确定 DNA 条带的可靠性。当使用低百分比浓度琼脂糖凝胶时要小心，它们往往较软，很容易破损（表 24-1）。

表 24-1　DNA 片段大小与琼脂糖凝胶浓度的选择

琼脂糖凝胶的百分浓度/%	线状 DNA 分子的有效范围/kb
0.3	5～60
0.6	1～20
0.7	0.8～10
0.9	0.5～7
1.2	0.4～6
1.5	0.2～4

6. 电源电压：低电压时，DNA 片段的迁移速率与电压强度成正比；高电压时，随电压增加，琼脂糖凝胶的分离范围减小。

【思考题】

1. 什么是 PCR？其有什么特点？
2. RT-PCR 的主要过程包括哪些步骤？

实验二十五　大肠杆菌的转化及重组子的筛选

【实验目的】

1. 掌握大肠杆菌转化及重组子筛选的基本原理。
2. 熟悉大肠杆菌转化及重组子筛选的基本操作。
3. 了解原核生物重组常用的质粒及菌株。

【实验原理】

转化是将外源 DNA 分子通过物理或化学方法导入基因工程细菌中的过程，是基因工程等研究领域基本的实验技术之一。其中物理方法是指电穿孔法，化学方法是指利用 $CaCl_2$ 和热激来促进 DNA 进入细胞的方法。本实验采用化学方法进行转化。用冰预冷 $CaCl_2$ 溶液处理对数期细菌，获得感受态细菌。此时，细菌膨胀成球形，外源 DNA 分子易形成抗 DNA 酶的羟基-钙磷酸复合物黏附在细菌表面，通过热激作用可促进细菌对 DNA 的吸收，完成转化。转化效率可达 10^6～10^7 转化子/μg DNA。本方法的关键是选用的细菌必须处于对数生长期，实验操作必须在低温下进行。

在原核生物基因工程中，转化常常在 PCR 片段和 T 载体连接后（TA 克隆），以及在酶切过的目标片段和表达载体连接后进行。二者转化方法相同，但由于选择的质粒和菌株不同，对应转化后的筛选方法也不同。TA 克隆的转化常用蓝白斑筛选法筛选，表达菌株转化一般用抗性平板筛选。常被用于 TA 克隆的质粒为 T 载体，包括 pUC 系列、pMD 系列和 pGEM 系列等，常用的克隆菌株有大肠杆菌 DH5α、JM109、TOP10 菌株等。常用的表达质粒有 pET 系列、pBV220 等，表达菌株有大肠杆菌 BL21（DE3）、BL21（DE3）pLyss、Rosetta-gami（DE3）、Rosetta-gami pLysS 菌株等。本实验以克隆载体 pMD19-T 和克隆菌株 JM109 为实验材料进行介绍，并进行重组子的转化及蓝白斑筛选。

如图 25-1 所示，pMD19-T 质粒具有氨苄抗性基因，而菌株 JM109 菌株不具有抗性。转化成功的菌株会在含有氨苄培养基中长出菌斑。然而，TA 克隆时，由于黏性末端较短，可能会发生载体自连的情况，因此转化成功的质粒是否为外源基因成功插入的质粒还需进一步验证。常用蓝白斑筛选法验证，原理如下：载体 pMD19-T 的多克隆位点（MCS）位于 β-半乳糖苷酶（*lacZ*）基因的编码区内，如果外源 DNA 成功插入该克隆位点，则在诱导物异丙基-β-D-硫代半乳糖苷（IPTG）的诱导后，*lacZ* 不能正常表达。在该菌株的培养基中加入底物 5-溴-4-氯-3-吲哚-β-D-半乳糖苷（X-gal）及诱导物 IPTG，该菌株无法产生 lacZ，其底物 X-gal 无法分解生成蓝色产物，因而菌株表现为白色斑点。如果 T 载体发生了自连，导致外源基因没有成功插入载体，那么在相同条件下，*lacZ* 正常表达，分解 X-gal 产生蓝色底物，使菌斑呈蓝色。转化完成后将重组菌株涂布在含有氨苄青霉素、X-gal 和 IPTG 的平板上可鉴定重组成功的单克隆菌株（白斑）。

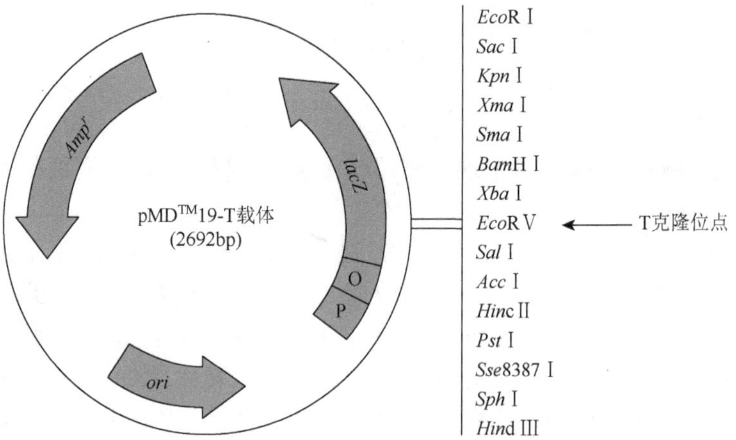

图 25-1　pMD19-T 质粒简图

【仪器与耗材】

仪器：水浴锅、制冰机、低温离心机、冰箱（–80℃，用于制备好的感受态细菌的储存）、恒温摇床、分光光度计、细菌培养箱、移液器等。

耗材：枪头、EP 管、酒精灯、涂布器、培养皿、封口膜、锥形瓶等。

【试剂】

SOC 培养基、LB 液体培养基、LB 固体培养基、0.1mol/L $CaCl_2$ 溶液、100mg/mL 氨苄青霉素、0.1mol/L IPTG、50μg/mL X-gal、大肠杆菌 JM109 新鲜培养的单克隆菌株等。

【操作】

1. 感受态细胞的制备（全程注意无菌操作）

从 37℃培养 16～20h 的大肠杆菌 JM109 新鲜平板中挑取一个单菌落（直径 2～3mm）转到一个含有 100mL LB 液体培养基的 500mL 锥形瓶中。在 37℃恒温摇床振动培养约 3h（300r/min）。取少量培养混合物，测量 OD_{600} 是否达到 0.6～0.8。如果达到，则停止培养，如果未达到，则继续培养，适时再次检测。

将上述细菌转移到无菌、一次性、预冷的 50mL 离心管中，冰上放置 10min 使之冷却至 0℃。4℃、4000r/min 离心 10min，弃上清，保留细胞（可将离心管倒置 1min，完全清除培养液）。用 10mL 预冷的 0.1mol/L $CaCl_2$ 溶液重悬每份沉淀，放置于冰上。于 4℃、4000r/min 离心 10min，弃上清，保留细胞（完全清除溶液）。以每 50mL 初始培养物用 2mL 冰预冷的 0.1mol/L $CaCl_2$ 溶液重悬。随后将制备好的感受态细胞分装于预冷的 1.5mL EP 管中（200μL/管，枪头同样需预冷）。放置于–80℃冻存。也可直接进行下步实验。

2. 转化

用无菌冷却枪头吸取上述感受态细胞 100μL 于新的无菌预冷离心管中（若使用从–80℃冰箱取出的感受态细菌，则需先在冰上融化）。加入 5μL 重组质粒（外源 DNA 片段与载体连接产物，此处为 PCR 纯化产物与 pMD19-T 载体的连接产物。要求 DNA 质量＜50ng，体积＜10μL）。轻轻旋转以混匀。冰上放置 30min。将该试管于 42℃水浴锅中热激 60s（期间不晃动试管）。随后快速放置于冰上冷却 2min。加入 800μL SOC 培养基（提前在 37℃预热），置于 37℃摇床以 150r/min 的速度复苏 1h。

3. 涂板

在超净工作台中，取三个 LB 固体培养基平板，分别标号 1～3。将涂布器在酒精灯上烤到炙热，稍稍放置待用。在 2、3 号平板上加 25μL 氨苄青霉素溶液、25μL IPTG 及 50μL X-gal（上述浓度），用恰好晾凉的涂布器涂匀。

将复苏好的重组大肠杆菌 JM109 以 5000r/min 转速离心 5min。吸取上清并抛弃，管底留下约 150μL 上清，并重悬底部细菌。随后取 50μL 涂布于 1 号平板，取 80μL 涂布于 2 号平板，取 20μL 涂布于 3 号平板。将三个平板用封口膜封口并放置于室温 15min，随后倒置于细菌培养箱中，37℃培养 12～16h 观察菌斑情况。

【注意事项】

1. 由于大肠杆菌 JM109 没有抗生素抗性，制备感受态细菌时未添加任何抗生素，为防止污染，一定要保证无菌操作。

2. 在制备感受态细菌时，培养细菌 OD_{600} 不宜超过 0.8，否则细菌可能不在对数生长期内，感受态细胞制备效果不佳。

3. 在涂布氨苄青霉素和重组细菌时涂布器要晾凉，否则氨苄青霉素受热易分解失效，重组细菌会因高温灭活。

【思考题】

1. 在观察菌斑时发现 3 个平板都没有长出细菌，请分析可能的原因。

2. 如果 1 号平板长了大量细菌而 2 号和 3 号平板没有长出细菌，可能是由哪些原因导致的？

3. 如果 2 号平板和 3 号平板上都是蓝色菌落多，而白色菌落少，可能是什么原因？

实验二十六　外源基因在大肠杆菌中的诱导表达

【实验目的】

1. 掌握外源基因在大肠杆菌中诱导表达的基本原理。
2. 熟悉外源基因在大肠杆菌中诱导表达的基本操作。

【实验原理】

原核重组的最终目的就是使外源基因在大肠杆菌中诱导表达。完成 TA 克隆后得到成功插入、成功转化的克隆菌株单菌落，一般情况下会继续将单菌落扩大培养，提取质粒，并做测序检测。测序的目的是分析外源序列在基因操作过程中有没有发生突变，最差的结果就是发生了缺失突变导致整个可读框发生了变化，此时克隆得到的外源序列就不能成功地表达目标蛋白了。用于测序的重组 DNA 一般来自 3 个成功克隆的单菌落。选择与已知序列翻译得到的氨基酸序列变异最小的重组质粒做后续实验。连接在 T 载体上的基因需通过限制性内切酶，再与相同酶切过的表达质粒连接。随后进行连接产物的转化。转化成功与否一般用抗性平板来筛选。抗性平板上长出的单菌落即为本次实验的实验材料。

常用的表达质粒有 pET 系列、pBV220 等，表达菌株有大肠杆菌 BL21（DE3）、BL21（DE3）pLyss、Rosetta-gami（DE3）、Rosetta-gami pLysS 菌株等。本次实验选用 pET 系列的载体（如 pET28a）及 BL21（DE3）表达菌株为实验材料。

图 26-1 为 pET28a 质粒图谱。该质粒含有编码氨基糖苷磷酸转移酶的基因，在原核细胞中产生卡那霉素抗性。培养已经转入质粒的大肠杆菌 BL21（DE3）时可加入卡那霉素，以抑制杂菌的生长。如图 26-1 所示，外源基因插在限制性内切位点，位于该段基因上游的是乳糖操纵子基因（lac operator），由于该质粒上还含有乳糖阻遏蛋白基因（*lacI*），正常情况下会表达乳糖操纵子的阻遏蛋白。阻遏蛋白与乳糖操纵子基因结合，抑制外源基因的表达。当大肠杆菌被扩大培养到一定数目时，需要加入诱导剂，即可开始诱导大肠杆菌表达目标基因。这个诱导剂就

是 IPTG。IPTG 是乳糖类似物，可以和阻遏蛋白结合从而使其与乳糖操纵基因解离，进而使外源基因得以表达。

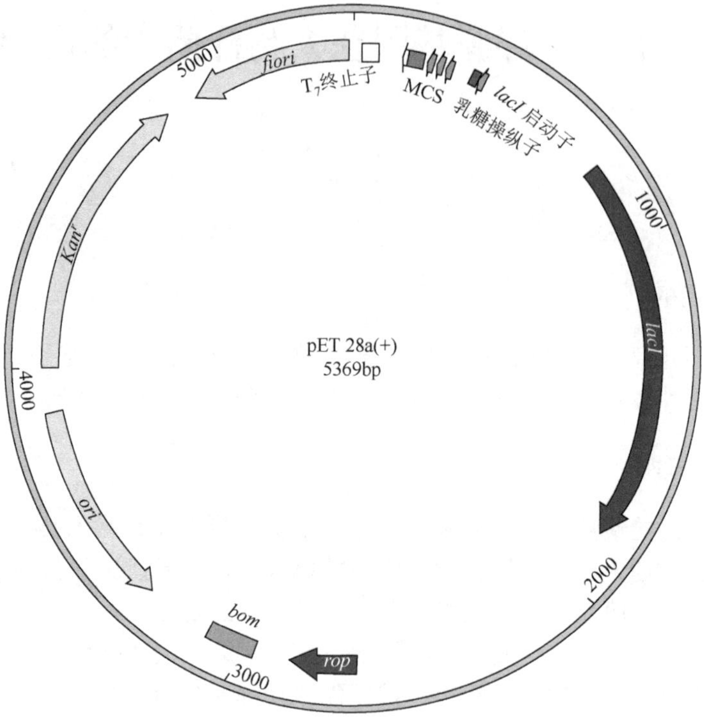

图 26-1　pET28a 质粒简图

【仪器与耗材】

仪器：恒温摇床、分光光度计、超净工作台、移液器等。

耗材：无菌玻璃试管、无菌 150mL 锥形瓶、无菌枪头等。

【试剂】

LB 液体培养基、10mg/mL 卡那霉素溶液、1mol/L IPTG 溶液等。

【操作】

1. 重组细菌的预培养

在超净工作台上，取 3mL LB 液体培养基于试管中，加入 9μL 卡那霉素溶液。在重组细菌（目的基因 + pET28 载体，BL21 菌株）的平板上挑取单菌落加入上述试管。在 37℃、250r/min 的条件下于摇床上振荡培养过夜。

2. 重组细菌的扩大培养

在超净工作台上，取 150mL 无菌锥形瓶，加入 50mL LB 液体培养基，再加入 75μL 卡那霉素溶液，随后加入上步培养的重组细菌 1mL。于摇床中在 37℃、250r/min 的条件下振荡培养 2～3h，检测使 OD_{600} 在 0.8 左右。

3. 诱导表达

在无菌条件下，取上述菌液 1mL 作为未诱导的对照，暂时放在 4℃冰箱保存。在剩余菌液中加入 50μL IPTG 溶液，随后继续在 37℃、250r/min 的条件下振荡培养 4～5h。取制备好的菌液适量与 SDS-上样缓冲液等体积混合，沸水浴 3～5min，制成样品。对照样品以相同方法处理。用 SDS-PAGE 检测诱导表达的蛋白质。

【注意事项】

1. 在观察诱导表达的蛋白质时，未诱导样品有时有少量本底表达。当诱导表达的外源蛋白质含量又十分低时，难以辨认哪一条蛋白是诱导产物。此时，可用含有空质粒大肠杆菌的未诱导样品作为对照。

2. 选用质粒不同，其所含抗性不同，注意不要将抗生素用错。

【思考题】

1. 为什么带有酶切位点的外源基因 PCR 产物不能直接酶切，然后与表达载体相连接，而要先做 TA 克隆？

2. 在大肠杆菌完成什么任务之后才可诱导表达目标基因？

3. pET 系列表达载体除了 pET28a 以外，还有哪些？它们各自的区别是什么？

实验二十七　质粒 DNA 的限制性内切酶消化及鉴定

【实验目的】

1. 了解限制性内切酶的特性及作用原理。
2. 掌握限制性内切酶酶切质粒的方法及操作步骤。
3. 理解限制性内切酶是 DNA 重组技术的关键工具。

【实验原理】

限制性内切核酸酶（restriction endonuclease），简称限制性内切酶，在基因工程中使用频率很高。它是一类能够识别双链 DNA 分子中特定的核苷酸序列（限制性酶识别序列），并切割限制性酶识别序列之内或其附近的特异位点的内切核酸酶。限制性内切酶的命名原则为：①限制性内切酶第一个字母（大写，斜体）代表该酶的宿主菌属名（genus）；第二、三个字母（小写，斜体）代表宿主菌种名（species）。②第四个字母代表宿主菌的株或型（strain）。③若从一种菌株中发现了几种限制性内切酶，即根据发现和分离的先后顺序用罗马字母表示。根据其结构和作用将限制性内切酶分为Ⅰ型、Ⅱ型、Ⅲ型三类。在分子克隆中Ⅰ型和Ⅲ型限制性内切酶都不常用。Ⅱ型限制性内切酶在基因克隆中应用广泛，它是一类位点特异性酶，能够识别含 4～8 个核苷酸且具回文对称结构的核酸序列。它可以在特定部位水解磷酸二酯键，形成双链缺口，从而切断 DNA 分子，产生带黏性末端或平末端的 DNA 片段。

质粒（plasmid）是细菌中独立于染色体外的共价闭合环状 DNA（covalent closed circular DNA，cccDNA），共价闭环质粒以超螺旋形式存在。质粒还可以开环 DNA（open circular DNA，OC DNA）和线状 DNA（linear DNA，L DNA）两种形式存在。开环 DNA 是一条链一处或多处断裂，如果是同一处断裂，则形成线状 DNA。将提取的同一质粒 DNA 进行电泳，超螺旋形式泳动速度最快，线性次之，开环再次之。

质粒载体（如 pBR322）是基因工程重要的常用载体之一，它是以质粒 DNA 分子为基础经过人工构建而成的。具有多个限制性内切酶的单一酶切位点，称为多克隆位点。其多克隆位点上具有 *Eco*RⅠ、*Hin*dⅢ等限制性内切酶的识别序列。

我们通过限制性内切酶识别质粒载体的 DNA 序列，将质粒 DNA 切开，由环状变为线状。当用限制性内切酶切开质粒载体后，质粒的电泳速度比原来慢。将酶切处理的质粒与未经酶切处理的质粒及标准 DNA 分子参照物进行琼脂糖凝胶电泳比较，可以确定酶切位点，获得该质粒的限制性酶切图谱（DNA 的物理图谱）。

质粒图谱的阅读：第一步，首先看 *ori* 的位置，了解质粒的类型（原核/真核/穿梭质粒）。第二步，看筛选标记，如抗性，决定使用什么筛选标记。第三步，看多克隆位点，它具有多个限制性内切酶的单一切点，便于外源基因的插入。第四步，看外源 DNA 插入片段的大小。质粒一般只能容纳小于 10kb 的外源 DNA 片段。一般来说，外源 DNA 片段越长，越难插入，越不稳定，转化效率越低。第五步，看是否含有表达系统元件，即启动子-核糖体结合位点-克隆位点-转录终止信号。

【仪器与耗材】

离心机、振荡器、制冰机、恒温水浴锅、移液器（20μL、200μL、1000μL）、0.5mL 无菌离心管、无菌枪头、电子天平、微波炉、电泳设备、凝胶成像系统等。

【试剂】

限制性内切酶（*Eco*R Ⅰ和 *Hin*d Ⅲ）及酶切通用缓冲液、无菌水、质粒 pBR322、琼脂糖（电泳级）、10×TBE 电泳缓冲液（称取 Tris 108g、硼酸 55g、7.44g EDTA-$Na_2 \cdot 2H_2O$，定容至 1L）、6×上样缓冲液、EB 母液等。

【操作】

1. 配制 1.0%琼脂糖凝胶

（1）琼脂糖凝胶适用于分离 200bp～50kb 大小的 DNA 片段，可以满足本实验鉴定的要求。称取 1g 琼脂糖溶于 100mL 电泳缓冲液（0.5×TBE 缓冲液，用 10×TBE 电泳缓冲液稀释 20 倍）。

（2）微波炉加热琼脂糖进行充分溶解（匀质透明的无气泡液体）。

（3）戴上橡胶手套，外套一次性手套，用移液器向琼脂糖溶液中加入溴化乙锭混匀，冷却至不烫手时缓缓注入带有梳子的胶床中。等待胶凝固（注胶过程动作要缓慢，避免产生气泡）。

2. 酶切实验

（1）在经灭菌的 0.5mL 离心管中加入以下试剂（反应体系 50μL）：

无菌水	36μL
10×酶切通用缓冲液	5μL
pBR322（0.1μg/μL）	3μL
*Eco*R Ⅰ（10U/μL）	3μL
*Hin*d Ⅲ（10U/μL）	3μL（注意加样顺序，防止错加、漏加）

（2）3000r/min 离心 10s，混匀。使各种溶液充分接触，沉于管底。

（3）将离心管置于适当的支持物上，37℃水浴酶切 1h（大多数的限制性内切酶的最佳反应温度为 37℃，温度升高会使酶的活性下降）。

（4）65℃水浴 10min，灭活限制性内切酶。

（5）取 2μL 酶切产物与 1μL 6×上样缓冲液混合，进行 1.0%琼脂糖凝胶电泳鉴定。同时加样 marker。用凝胶成像系统进行观察和拍照。

【注意事项】

1. 准确使用移液器，注意正确的吸样量，确保样品都加进反应体系。向管中加入每种溶液后，都要用手轻弹一下管子，使溶液充分接触。每吸取 1 种试剂或样品应更换无菌枪头。

2. 酶切反应体系中 DNA 的量应不高于 1.5μg/50μL。

3. 酶切时加样顺序一般应为：水 + 缓冲液 + DNA + 酶。最后加酶，应在冰浴中加，加后吸打几下混匀。用完后马上放回–20℃冰箱，避免将酶置于等于或高于 0℃的环境中过久，以防酶失活。

4. 反复冻存会使酶的活性大大下降，所以将大多数限制性内切酶贮存在 50%甘油溶液中，可以保证酶在低温状态下处于液体状态。但是高浓度的甘油会抑制酶的活性，所以加入反应的酶体积应小于反应总体积的 1/10。

5. 样品在 37℃与 65℃水浴时，应将离心管盖严，并贴上封口膜，以防管帽弹开或水进入管内造成实验失败。

6. 进行双酶切时，应该选择通用缓冲液。如果两种限制性内切酶的盐浓度不同，一般先用低盐浓度的酶切，再用高盐浓度的酶切。

7. 定期更换电泳缓冲液。

8. 微波炉溶解后的凝胶冷却至 50℃左右时及时注入胶床，以免凝固。

【思考题】

1. 分析引起 DNA 酶解液在电泳后酶切不完全的可能原因，并提出改进办法。

2. 对于需要转录产物的酶切实验，单酶切会有哪些方面的不足？

实验二十八　质粒 DNA 与外源 DNA 的连接

【实验目的】

1. 掌握限制性内切酶连接黏性末端的方法及其原理。

2. 掌握利用 T_4 DNA 连接酶，将不同来源的 DNA 片段连接以构建重组 DNA 分子的方法和操作步骤。

【实验原理】

DNA 重组是指把经过酶切处理的质粒载体与外源目的基因连接起来的过程，即 DNA 的重新组合。载体与目的基因的连接需要用到 DNA 连接酶（DNA ligase）。DNA 连接酶是一类能将核酸片段连接起来的酶。它催化双链 DNA 分子中相邻碱基的 5′磷酸和 3′羟基形成磷酸二酯键。这类酶种类多样，包括热稳定 DNA 连接酶、T_4 噬菌体 DNA 连接酶和大肠杆菌 DNA 连接酶等。本实验采用 T_4 DNA 连接酶。该酶既可连接平末端又可连接黏性末端。

限制性内切酶切割质粒或外源目的基因后产生两种末端，即黏性末端和平末端。如果断裂位置不在同一碱基对处，形成黏性末端；反之则形成平末端。形成黏性末端的酶有 *Bam*HⅠ和 *Hin*dⅢ等，形成平末端的酶如 *Hpa*Ⅰ。具有平末端的 DNA 片段不易连接，黏性末端可以通过互补的碱基对重新连接。限制性内切酶切割双链 DNA 形成的 DNA 片段也有两种情况：相同的酶处理形成的带有相同黏性末端的 DNA 片段；两种或以上不同的限制性内切酶处理形成的带有自身不能互补的不同黏性末端的 DNA 片段。本实验我们使用的外源 DNA 片段与线性载体 DNA 都是经 *Eco*RⅠ和 *Hin*dⅢ这两种限制性内切酶酶切形成的 DNA 片段。分别产生两种不同的黏性末端，连接后可以使外源基因定向插入载体分子。即经两种非同尾酶（同尾酶切割后形成相同的黏性末端）处理的外源 DNA 片段只能按照一种方向与载体 DNA 重组。

【仪器与耗材】

制冰机、生化培养箱、移液器、灭菌离心管、灭菌枪头（若干）、离心机等。

【试剂】

经酶切并纯化后的目的基因 DNA 片段和质粒载体 DNA 片段、T_4 连接酶、冰盒、10×T_4 连接酶缓冲液、无菌水等。

【操作】

(1)取干净、灭菌后的新离心管，按下述加样，建立反应混合物(反应体系20μL)。

（2）取 1 支无菌离心管，加入 1μL 酶切处理的质粒载体 DNA，再加入 10μL 的目的基因 DNA（目的基因片段是载体 DNA 物质的量的 2～10 倍）。

（3）加无菌水 6μL，45℃加温 5min（使重新退火的黏性末端解链）。

（4）在冰盒中将混合物冷却到 0℃。

（5）加入 10×T_4 连接酶缓冲液 2μL。

（6）加入 T_4 DNA 连接酶 1μL。

（7）3000r/min 短暂离心 5s 使体系混匀。

（8）16℃保温过夜。

（9）再另外取两支无菌离心管进行对照反应：①只有质粒载体；②只有目的基因片段（质粒的提取与纯化见实验二十二）。

（10）重组子的筛选与鉴定见实验二十五。

【注意事项】

1. T_4 DNA 连接酶的最适反应温度是 37℃，但在此温度下，黏性末端之间形成的氢键不稳定；大多数限制性内切酶切割产生的黏性末端 T_m 值在 16℃以下，低于此温度会影响连接酶的活性。综合最适温度和 T_m 值，实际操作中常采用 16℃保温过夜或者 25℃连接 2h 左右。

2. 一般 DNA 连接酶连接平末端的酶用量是黏性末端酶用量的 10～100 倍。

3. 带有黏性末端的 DNA 片段连接，DNA 浓度为 2～10mg/mL；平末端为 100～200mg/mL。

4. T_4 DNA 连接酶应该在使用时从–20℃冰箱取出，用后马上放回，以防破坏酶的活性。

5. 如果希望较长时间保存连接反应产物，可以放置于–80℃冰箱中；0℃条件下可以储存数天，–20℃条件下会降低转化效率。

【思考题】

1. 采用不同的限制性内切酶处理的 DNA 片段之间是否可以直接进行连接？

2. 为什么对 DNA 进行双酶切？

实验二十九 人血管生长因子基因（hVEGF）的 PCR 定点突变

【实验目的】

1. 了解 PCR 定点突变的原理。
2. 学习引物的设计、PCR 扩增及琼脂糖凝胶电泳分析的基本操作。

【实验原理】

聚合酶链反应（PCR）是一种用于放大扩增特定的 DNA 片段的分子生物学技术，它可以看作生物体外的特殊 DNA 复制。PCR 的最大特点是能将微量的 DNA 大幅增加。1983 年，美国 Mullis 首先提出设想，1985 年其发明了聚合酶链反应，即简易 DNA 扩增法，意味着 PCR 技术的真正诞生。到 2013 年，PCR 已发展到第三代技术。1973 年，中国科学家钱嘉韵发现了稳定的 *Taq* DNA 聚合酶，为 PCR 技术发展也做出了基础性贡献。PCR 技术的基本原理类似于 DNA 的天然复制过程，其特异性依赖于与靶序列两端互补的寡核苷酸引物。PCR 是利用 DNA 在体外 95℃高温时变性会变成单链，低温（经常是 60℃左右）时引物与单链按碱基互补配对的原则结合，再调温度至 DNA 聚合酶最适反应温度（72℃左右），DNA 聚合酶沿着磷酸到五碳糖（5′→3′）的方向合成互补链。基于聚合酶制造的 PCR 仪实际就是一个控温设备，能在变性温度、复性温度、延伸温度之间很好地进行控制。PCR 由变性—退火—延伸三个基本反应步骤构成：①模板 DNA 的变性，模板 DNA 经加热至 95℃左右一定时间后，使模板 DNA 双链或经 PCR 扩增形成的双链 DNA 解离，使之成为单链，以便它与引物结合，为下轮反应作准备；②模板 DNA 与引物的退火（复性），模板 DNA 经加热变性成单链后，温度降至 55℃左右，引物与模板 DNA 单链的互补序列配对结合；③引物的延伸，DNA 模板-引物结合物在 *Taq* DNA 聚合酶的作用下，以 dNTP 为反应原料、靶序列为模板，按碱基配对与半保留复制原理，合成一条新的与模板 DNA 链互补的半保留复制链，重复循环变性—退火—延伸三个过程，就可获得更多的半保留复制链，而且这种新链又可以成为下次循环的模板。每完成一个循环需 2～4min，2～3h 就能将待扩目的基因扩增放大几百万倍。

但 DNA 聚合酶在高温时会失活，因此，每次循环都得加入新的 DNA 聚合酶，不仅操作烦琐，且价格昂贵，制约 PCR 技术的应用和发展。耐热 DNA 聚合酶——*Taq* DNA 聚合酶的发现对于 PCR 的应用有里程碑的意义，该酶可耐受 90℃以上的高温而不失活，不需要每个循环加酶，使 PCR 技术变得非常简捷，同时也大大降低成本，PCR 技术得以大量应用，并逐步应用于临床。

定点突变是指通过 PCR 等方法向目的 DNA 片段（可以是基因组，也可以是质粒）中引入所需变化（通常是表征有利方向的变化），包括碱基的添加、删除、点突变等。定点突变能迅速、高效地提高 DNA 所表达的目的蛋白的性状及表征，是基因研究工作中一种非常有用的手段。

体外定点突变技术是当前生物、医学各领域研究中的一种重要实验手段，是改造、优化基因的便捷方案，是探索启动子调节位点的有效手段，也是研究蛋白质结构和功能之间复杂关系的有力工具。

蛋白质的结构决定其功能，二者之间的关系是蛋白质组研究的重点之一。对某个已知基因的特定碱基进行定点改变、缺失或者插入，可以改变对应的氨基酸序列和蛋白质结构，对突变基因的表达产物进行研究有助于人类了解蛋白质结构和功能的关系，探讨蛋白质的结构/结构域。而利用定点突变技术改造基因：例如，野生型的绿色荧光蛋白（wtGFP）是在紫外线激发下能够发出微弱的绿色荧光，经过对其发光结构域的特定氨基酸进行定点改造，GFP 能在可见光的波长范围被激发（吸收区红移），而且发光强度比原来强上百倍，甚至还出现了黄色荧光蛋白、蓝色荧光蛋白等。定点突变技术的潜在应用领域很广，如研究蛋白质相互作用位点的结构，改造酶的不同活性或者动力学特性，改造启动子或者 DNA 作用元件，引入新的酶切位点，提高蛋白的抗原性或者是稳定性、活性，研究蛋白质的晶体结构，以及药物研发、基因治疗等方面。该方法不仅广泛用于基因工程技术领域，还可用于农业培育抗虫、抗病的良种，用于医学矫正遗传病、治疗癌症等。

【仪器与耗材】

PCR 仪、微量加样枪及枪头、加样管、电泳仪等。

【试剂】

PCR 试剂盒、琼脂糖凝胶等。

【操作】

1. VEGF 成熟基因序列

GgatccGCACCCATGGCAGAAGGAGGAGGGCAGAATCATCACGAAGTGG TGAAGTTCATGGATGTCTATCAGCGCAGCTACTGCCATCCAATCGAGACCCT GGTGGACATCTTCCAGGAGTACCCTGATGAGATCGAGTACATCTTCAAGCCA TCCTGTGTGCCCCTGATGCGATGCGGGGGCTGCTGCAATGACGAGGGCCTG GAGTGTGTGCCCACTGAGGAGTCCAACATCACCATGCAGATTATGCGGATCA AACCTCACCAAGGCCAGCACATAGGAGAGATGAGCTTCCTACAGCACAACA AATGTGAATGCAGACCAAAGAAAGATAGAGCAAGACAAGAAAATCCCTGTG GGCCTTGCTCAGAGCGGAGAAAGCATTTGTTTGTACAAGATCCGCAGACGT GTAAATGTTCCTGCAAAAACACAGACTCGCGTTGCAAGGCGAGGCAGCTTG AGTTAAACGAACGTACTTGCAGATGTGACAAGCCGAGGCGGTGA

2. 突变酶切位点

Ggatcc（*Bam*HⅠ）和 GAATTC（*Eco*RⅠ）。

3. 引物

VEGF165-Primer-上游：5′-GAATTCGCACCCATGGCAGAAGGAGGAG-3′。

VEGF165-Prime-下游：5′-GCAAGCTTTTAGTCTAGACGCCTCGGCTTGTCACATC-3′。

4. 步骤

（1）按下列比例加入试剂，PCR 反应体系如下。

试剂	终浓度	加量（25μL）
10×buffer	1×	2.5μL
25mmol/L $MgCl_2$	1.5mmol/L	1.5μL
10mmol/L dNTP	0.2mmol/L	0.5μL
5U/μL *Taq* DNA 聚合酶	1U	0.2μL
10μmol/L 上游引物		1.0μL
10μmol/L 下游引物		1.0μL
模板		0.5μL
补加 ddH_2O 至 25μL		

（2）PCR 扩增：PCR 反应条件为 95℃预变性 4min，一个热循环；95℃热变性 30s，53℃退火 30s，72℃延伸 45s，28 个热循环；72℃复性 10min；16℃保存。

（3）制备 1.2%的琼脂糖凝胶。

（4）进行电泳分析。

【注意事项】

1. 所有操作均在冰上进行。
2. 要将试剂加准确。

实验三十　荧光定量 PCR 检测乙型肝炎病毒核酸

【实验目的】

1. 掌握定量 PCR 的原理。
2. 熟悉定量 PCR 的基本操作。

【实验原理】

乙型肝炎病毒（HBV）是一种部分双链 DNA 病毒，基因全长 3.2kb。HBV 携带者和乙型肝炎患者血清中存在的完整的具有感染性的 HBV 颗粒称为 Dane 颗粒。血清中的 Dane 颗粒经过裂解液处理后提取其基因组 DNA，用荧光定量 PCR 技术对 HBV 的 DNA 进行定量检测，可以通过测得的 HBV 分子拷贝数了解被检者 HBV 的感染情况。

荧光定量 PCR 技术对荧光信号的检测主要有荧光染料结合、杂交探针及水解探针等方法，本实验以水解探针方法对 HBV 的 DNA 作定量检测。在 PCR 体系中需要有一条荧光标记的能与模板中特异序列互补的探针，探针的 5′端和 3′端分别标记报告基团 R 和猝灭基团 Q。当探针完整时，R 基团和 Q 基团通过探针连在一起，R 基团荧光被 Q 基团吸收，反应体系中检测不到荧光信号。扩增时 *Taq* DNA 聚合酶沿着模板合成新链，当移动到探针与模板的互补处时，*Taq* DNA 聚合酶具有 5′外切核酸酶的作用使探针水解。一旦探针被水解，R 基团首先被水解下来，此时 Q 基团的抑制作用消失，R 基团便发射荧光。游离的 R 基团的荧光信号强弱与 PCR 产物的量成正比。理论上，PCR 扩增时每增加一个循环，反应体系中的荧光信号强度就增加一倍。当荧光信号强度超过仪器的检测灵敏度（阈值）时，即可被仪器检测到并被识别为阳性信号，达到阈值时的 PCR 循环数称为阈值循环数（threshold cycle，C_t）。C_t 值（图 30-1）的大小与样本中模板 DNA 的拷贝数成反比，起始模板量越高，C_t 值越小，反之 C_t 值越大。以 C_t 值判断检测结果仍然是定性分析。如果在检测样本 DNA 时，设置已知拷贝的靶序列 DNA 作为标准品，将标准品经系列稀释水解后与被检样品同时扩增，扩增完成后仪器自动绘制标准曲线。根据标准曲线计算出样本中HBV的起始拷贝数。

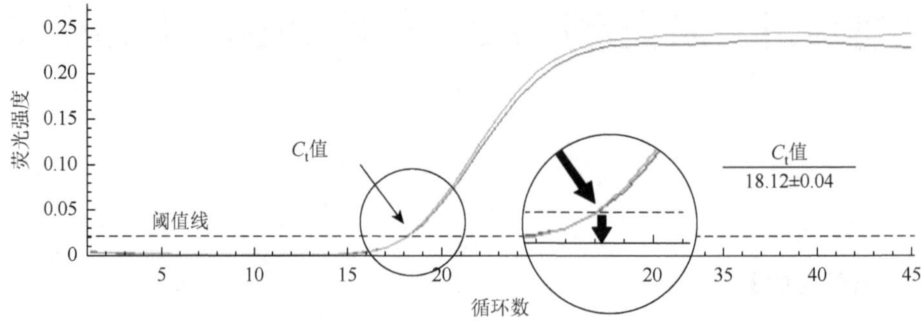

图 30-1　C_t值

【仪器与耗材】

荧光定量PCR仪［ICycler（Bio-Rad）、LightCycler（Roch）或PE77OO（ABI）］、PCR反应管、移液器、吸嘴、离心机、涡旋仪、超净工作台等。

【试剂】

本实验使用商品化的HBV-DNA定量检测试剂盒，其中包括：标准裂解液、PCR预混合液（含有$MgCl_2$、dNTP、PCR反应液、引物、荧光标记探针）、*Taq* DNA聚合酶（1U/μL）、阳性对照血清、阴性对照血清、标准品模板（浓度分别为1×10^8拷贝/mL、1×10^7拷贝/mL、1×10^6拷贝/mL和1×10^5拷贝/mL）、去离子水等。

【操作】

1. 采集样本

采集被检者静脉血1mL，尽快分离血清。

2. 待检样本及对照血清模板的制备

取30μL血清加入等体积标本的裂解液，混匀。置于干式加热模块（约100℃）。

3. 离心

12 000r/min离心10min，上清液即为待检DNA溶液。阴性及阳性对照血清按相同方法制备模板。

4. 配制 PCR 反应液

将试剂盒中的所有试剂取出进行瞬时离心后，在每个 PCR 试管中加入 22μL 预混合液和 1μL *Taq* DNA 聚合酶，混匀。12 000r/min 离心 15s 后置于 4℃冰箱。

如果一次实验检测 N 份样本，可以在一个无菌离心管中预先配制 $N+7$ 份反应液（N 为被检样本份数，7 为标准品 4 份，阴性对照血清和阳性对照血清各 1 份，另一份用于补足分装所致的误差），混匀。12 000r/min 离心 15s。

5. 扩增反应

将上述制备好的待检和对照血清的模板 DNA 溶液各 2μL 分别加入相应的 PCR 反应管中，各稀释度标准品管中分别加入 2μL 标准模板 DNA。

PCR 扩增程序：94℃变性 5min 后进入 PCR 循环，即 94℃变性 10s、55℃退火 30s、72℃延伸 40s，共进行 40 个循环反应。

6. 设定基线

PE7700：把标准荧光定为 TAMRA。当没有 $C_t<16$ 的强阳性被检样本时，应选 3～15 个循环的平均荧光信号为基线分析 C_t；当有 $C_t<16$ 的样本时，将此样本定为强阳性，并将此样本从数据库中剔除，再以 3～15 个循环的平均荧光信号作为基线分析 C_t。

Icycler：基线一般取自设值（2～10）。在实验结束后，点击"PCR base line substract"扣除基线值。若曲线出现无规则的起伏跳动，应视为非正常现象，此时应将其从结果中剔除（点击"selectwells"，消除此孔彩色，然后选择"displaywells"）。注意调整坐标，使所有曲线都在坐标内。

LightCycler：用荧光显示模式 F1/F2 读取结果。基线设定原则上以刚好超过阴性对照品扩增曲线的最高点，并且 C_t 值不出现任何数值时为准（一般设定为 0.001～0.01，也可根据仪器本身的实际情况加以调整）。

7. 阈值设定

以刚好高于阴性对照品的扩增曲线最高点，且以阴性对照品 $C_t=40$ 或 $C_t=0$ 为原则调整起始阈值。

8. 设置标准曲线

扩增反应前将标准品模板的起始浓度分别设为 1×10^8 拷贝/mL、1×10^7 拷贝/mL、

1×10^6拷贝/mL 和 1×10^5拷贝/mL，反应结束后，仪器的数据分析软件将以标准品模板起始浓度的对数值为横坐标，以标准 C_t 值为纵坐标绘制标准曲线。

【结果讨论】

1. 如果标准曲线的相关系数≥0.985，表明曲线较为理想，仪器将按此标准曲线，依据样本 C_t 值计算出样本中模板的起始浓度。如果标准曲线的相关系数<0.985，表明曲线相关性较差，应分析原因，重做实验。

2. 阳性对照的 C_t 值<38，阴性对照的 C_t 值>38，标准品 C_t 值的线性关系大于 0.980 时，表明实验结果可信。

3. C_t 值<38 时为阳性结果，提示被检样本中含有 HBV 的 DNA。

4. $40>C_t\geqslant38$ 时，可能由被检样本中 HBV 滴度较低或荧光不稳定所致。为避免假阴性结果，须对这些样本进行重复测定。若 C_t 值仍为 38～40 或等于 40，应判为阴性，若 C_t 值小于 38 则判为阳性。

5. $C_t=40$ 或 $C_t=0$ 时为阴性结果，提示样本中未检测到 HBV 的 DNA。

【注意事项】

1. 严格按照 PCR 实验的有关规定进行操作。

2. 应将样本视为有潜在传染性，实验结束后必须对工作台进行彻底清洁和消毒，与样本有接触的任何耗材在丢弃之前都应作相应处理，防止污染。

【临床意义】

1. 病毒评估时对 HBV 的 DNA 作定量检测能确定被检者是否有 HBV 感染和感染的严重程度。血清中 HBV 含量的多少与肝的病理损害程度相关，病毒载量越高，肝组织炎症反应程度越严重。

2. 疗效预测和观察HBV的DNA的检测可以作为预测和观察抗病毒疗效的依据。用抗病毒药物如干扰素、拉米夫定等治疗慢性乙型肝炎时，治疗前病毒核酸载量越高，疗效越差；载量越低，清除病毒的可能性越大。在治疗过程中，病毒核酸载量下降越快，完全治愈的机会越大；病毒核酸阴性或下降又回升者，则大多与耐药有关。

3. 预后判断病毒核酸载量持续处于高浓度者预后不良；病情进展过程中尽管反映肝细胞损害的其他指标正常，但病毒核酸水平经常波动者更易发生肝硬化。

生物化学与分子生物学常用仪器设备介绍

一、通 风 橱

通风橱（fuming cupboard）是生物化学实验室常用的一种大型设备。其用途是避免实验人员吸入有害气体，如有毒、难闻或可燃性蒸气、气体和气溶胶等。

【仪器原理】

通风橱是实验室接触控制的主要方法，主要由排风系统构成。一个典型的通风橱还拥有可移动前玻璃窗（用安全玻璃制造）、工作台面、照明系统、电源系统、储物柜（图 1）等。通风橱的材质有木制和钢制，现在常用钢制，且表面涂有环氧树脂。通风橱的宽度有 1m、1.2m、1.5m、1.8m 及 2m 等几个规格，深度有 70～90cm，高度一般为 1.9～2.4m。通风橱可供 1～3 人同时使用。一般安装在角落靠墙的位置。空气由柜内前上方的排风扇抽走后，或经管道引到别处（称为全通风，注意通风口不能对着有行人的马路），或经过滤重新循环使用（称为无管通风）。

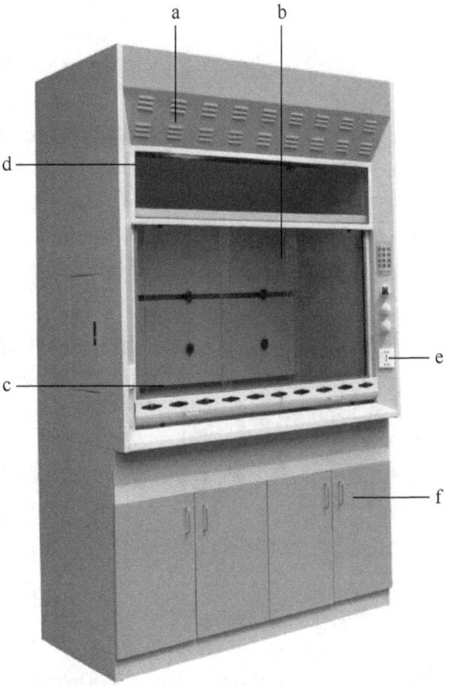

图 1　通风橱

a. 排风系统；b. 可移动前玻璃窗；c. 工作台面；d. 照明系统；e. 电源系统；f. 储物柜

【仪器操作】

使用通风橱的时候，实验人员首先站于通风橱前，打开通风橱电源，再打开通风橱的风机，然后打开可移动前玻璃窗，注意玻璃窗打开程度要尽可能低，避免有害气体进入室内。如果有需要，可打开照明灯。随后可用手伸进通风橱，在工作台面上进行操作。风机工作时，室内的空气经由工作台面被抽走，夹杂着有害气体最终通过排风口排入大气，或者排入过滤系统，因此保证了实验人员的安全。多数通风橱在排气量过小或者前方玻璃门开启过大的时候会发出警报，提醒操作者注意。排风扇速度和照明灯都可调大小，按需调节即可。

【注意事项】

使用结束后，首先将工作台面收拾干净，其次关闭可移动前玻璃窗，然后关闭风机和照明系统，最后关闭电源即可。

无管道通风橱一般内置高效活性炭过滤器，可将过滤后的空气排到室内。补风型通风橱可从室外补充空气，可减轻实验室空调的负荷。连体型通风橱可扩大实验空间，为大型仪器提供使用场所。桌上型通风橱比较小巧，装在实验台面上。两面型通风橱可从两面操作。落地型通风橱没有试剂柜，适用于大型实验装置。

二、恒 温 摇 床

恒温摇床（constant temperature shaker）是一种温度可控的且能够振荡的生化仪器，常用于微生物或者细胞的振荡培养。

【仪器原理】

图 2　恒温摇床

恒温摇床（图 2）按组合件可分为水浴、气浴与油浴。气浴恒温摇床是一种温度可控的恒温气箱和振荡器相结合的生化仪器。水浴恒温摇床是一种温度可控的水浴槽和振荡器相结合的生化仪器。油浴恒温摇床是一种温度可控的油浴槽和振荡器相结合的生化仪器。其中气浴恒温摇床控温最高达 70℃，一般常用 37℃。水浴恒温摇床控温最高达 100℃。恒温摇床按振荡方法可分为回旋式（实验室）、往复式、双功能（回旋又往复）等。其振荡频率有 0～200r/min、300～400r/min、60～400r/min 三种。振荡频率越大则对锥形瓶的要求越高。恒温摇床按容积可分为微量、常量与大型恒温摇床。按恒温范围可分为低温（5～50℃）、常温和高温摇床。此外还有单层、双层之分，单门、双门之分，有台式、立式、落地式之分等。

【仪器操作】

恒温摇床的使用步骤：首先接通电源，打开恒温摇床的玻璃门，装入试验瓶，尽量保持平衡，关闭摇床的玻璃门，设定振荡方式、振荡频率、振荡温度，启动摇床。如果对于振荡温度要求严格，则可先设定温度，待温度达到预设值时再将所需培养的对象放入摇床。工作完成之后关闭摇床、切段电源，取出样品，清洁仪器即可。

【注意事项】

1. 样品应放置在较牢固的工作台面上，环境应清洁整齐、通风良好。
2. 恒温摇床所接电源应具备良好的接地措施。
3. 整机严禁长时间阳光直射。
4. 严禁物体撞击机器。
5. 使用过程中避免频繁开闭箱门，避免箱门损坏；开闭时应注意轻开轻关，保证培养效果。
6. 仪器在高速运转时可能会发生一定的位移，为稳妥起见，在仪器使用时应保证有专人看管，在遇到特殊情况时迅速作出反应。
7. 确认托盘处于静止状态，方可打开箱门。
8. 使用结束后清理机器，不能留有水滴、污物残留等。
9. 如果水浴恒温摇床长期不使用，应及时将水箱中的水排净，并用软布将箱体内外擦干。再次使用时，不要忘记注水，禁止在无水状态下使用。
10. 若仪器频繁使用，应保证每三个月做一次定期检查，将落入电机和控制元件上的污渍、水滴等清除干净，将风机上的灰尘清除，并检查紧固螺钉是否牢固。

三、细菌培养箱

厌氧培养箱（图 3）是一种培养厌氧细菌的专用装置，提供严格的厌氧状态、恒定的温度及一个系统化、科学化的工作区域，为细菌的生长环境提供无氧条件。细菌恒温培养箱的主要功能是提供一定的温度。一般用电热恒温培养箱，这种培养箱只能加热不能制冷，常规的细菌培养一般在 37℃，电热恒温培养箱基本够用。

培养真菌则一般使用温度为 28℃，在外部环境温度较高时可能无法达到预设温度，此时可能需要制冷，可选择具有制冷功能的生化培养箱（图 4）。此外，培养厌氧细菌时可能需要二氧化碳培养箱或者厌氧培养箱。

图3　厌氧培养箱

图4　普通生化培养箱

【仪器原理】

厌氧培养箱一般由真空取样室、恒温厌氧操作室、除氧催化装置、温度控制系统、箱内紫外杀菌系统、气路装置、电路控制系统等部分组成。

【仪器操作】

常规细菌培养箱的使用方法比较简单，现主要介绍厌氧培养箱的使用步骤。

1. 形成操作室的厌氧环境

（1）按使用要求放置好必要的用品和试剂。

（2）通电源，开照明灯和温控仪，调节所需温度。

（3）操作室内放入1000g钯粒（封闭）和500g干燥剂，并放入甲烯蓝指示纸（封闭）。

（4）关紧取样室的内外门，并抽真空校验。

（5）操作室内第一次置换（氮气置换）：①把乳胶手套套在观察板法兰圈上并扎紧；②接通氮气进气路，打开氮气控制阀1，使手套鼓起，关闭阀门1，然后扎紧袋口。

（6）操作室第二次置换（氮气置换）：重复一次充氮过程，取样室先抽真空，并注意随时用脚踏开关开闭排气。如此连续三次氮气置换。

（7）操作室第四次置换（混合气体置换）：混合气体配比为N_2 85%、H_2 10%、CO_2 5%。方法为：①调换气路，打开混合气阀3进气，充气时取样室先抽真空，并随时用脚踏开关开闭排气；②关掉混合气体阀3，并打开阀5，使混合气体经过流量计，调整流量计，流量为每分钟 10mL 左右；③混合气体重复 2～3 次转换，经过上述过程，基本形成厌氧环境。

（8）在操作室内打开钯粒除氧剂，接通除氧催化器电源进行催化除氧，1h 后打开甲烯蓝指示纸观察其变色情况，不变色为操作室内达到厌氧环境。

（9）开紫外线灯，室内进行灭菌处理，灭菌时间按具体实验制定。

2. 菌种的置入和培养

（1）检查取样室内门并关紧。

（2）打开取样室外门，将菌种放入取样室后即关上外门。

（3）取样室充氮置换三次的过程：打开真空泵，先抽真空度 500mL 汞柱（66kPa）以上停，然后人工打开氮气阀 2 进气，使指针回复零位，关掉阀 2。第二次重复操作一次。第三次操作时，使真空度 500mL 汞柱（66kPa）以上停止，然后打开阀 4 进混合气，使指针回复零位，关掉阀 4。取样室充氮置换三次过程结束。

（4）如选定的真空度较低，就需要增加置换的次数。

（5）取样室外门开启、关紧，再抽低真空度 100mL 汞柱（13kPa）检验。

（6）厌氧培养箱需要长期连续使用的条件：①每天在操作室内打开甲烯蓝指示纸观察，如不正常就必须重新换气；②要长期连续输入微量的混合气体，使补进的氮气能和微量的氧结合通过催化吸收，保证室内厌氧状态，补入混合气，流量选定为每分钟 10mL 左右；③连续培养运行一天，更换一次除氧剂和干燥剂；④操作室内温度可任意选择和控制。

（7）混合气瓶、氮气瓶输出压力调整：调节减压阀，使输出压力为 0.1MPa 左右。

【注意事项】

1. 仪器尽可能地安装于空气清净、温度变化较小的地方。
2. 开机前应全面熟悉和了解各组成配套仪器、仪表的使用说明，掌握正确的使用方法。
3. 培养物放入必须是在操作室内达到绝对厌氧环境后。
4. 如发生故障（停气等原因），操作室内仍可保持 10h 厌氧状态（超过 10h 则根据需要把培养物取出另作处理）。
5. 经常注意气路有无漏气现象。
6. 调换气瓶时，注意要扎紧气管，避免流入含氧气体。
7. 真空泵按要求使用，定期检查和加油。

四、PCR 仪

PCR 仪（图 5）是体外聚合酶链反应合成特异 DNA 片段的一种仪器，PCR 仪分为普通 PCR 仪、梯度 PCR 仪、原位 PCR 仪和实时荧光定量 PCR 仪 4 类。

【仪器原理】

普通 PCR 仪：一次 PCR 扩增只能运行一个特定退火温度的 PCR 仪叫传统的 PCR 仪，也叫普通 PCR 仪。如果要做不同的退火温度需要多次运行，主要是做简单的、对目的基因退火温度的扩增。该仪器主要应用于科学研究、教学、医学临床、检验检疫等机构。

梯度 PCR 仪：一次性 PCR 扩增可以设置一系列不同的退火温度条件（温度梯度），通常有 12 种温度梯度，这样的仪器就叫梯度 PCR 仪。因为被扩增的不同 DNA 片段，其最适退火温度是不同的，通过设置一系列的梯度退火温度进行扩增，从而一次性 PCR 扩增，就可以筛选出表达量高的最适退火温度，进行有效的扩增。其主要用于研究未知 DNA 退火温度的扩增，这样节约成本的同时也节约了时间，一般在科研、教学机构应用较多。梯度 PCR 仪在不设置梯度的情况下也可以进行普通 PCR 扩增。

原位 PCR 仪：用于从细胞内靶 DNA 进行定位分析的细胞内基因扩增仪，如病源基因在细胞的位置或目的基因在细胞内的作用位置等。其是保持细胞或组织的完整性，使 PCR 反应体系渗透到组织和细胞中，在细胞的靶 DNA 所在的位置上进行基因扩增，不但可以检测到靶 DNA，而且能标出靶序列在细胞内的位置，对在分子和细胞水平上研究疾病的发病机理和临床过程及病理的转变有重大的实用价值。

实时荧光定量 PCR 仪（图 6）：在普通 PCR 仪的基础上增加一个荧光信号采集系统和计算机分析处理系统，就成了实时荧光定量 PCR 仪。其 PCR 的扩增原理和普通 PCR 仪的扩增原理相同，只是 PCR 扩增时加入的引物是利用同位素、荧光素等进行标记，使用引物和荧光探针同时与模板特异性结合扩增。扩增的结果通过荧光信号采集系统实时采集信号连接输送到计算机分析处理系统得出量化的实时结果输出。实时荧光定量 PCR 仪有单通道、双通道和多通道。当只用一种荧光探针标记的时候，选用单通道，有多荧光标记的时候用多通道。单通道也可以检测多荧光标记的目的基因表达产物，因为一次只能检测一种目的基因的扩增量，需多次扩增才能检测完不同的目的基因片段的量。该仪器主要用于医学临床检测、生物医药研发、食品行业、科研院校等机构。

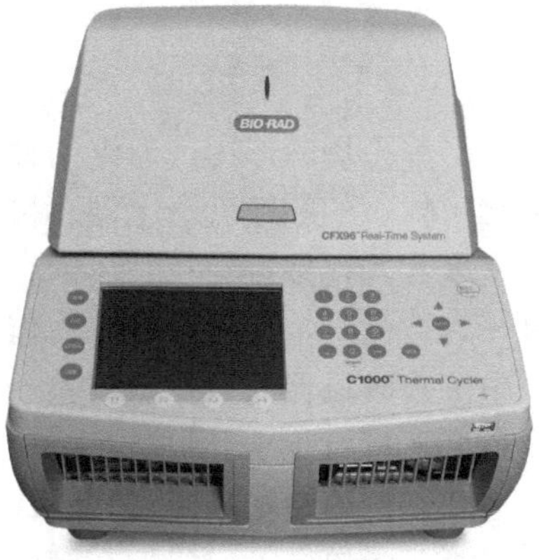

图 5　美国伯乐（Bio-Rad）PCR 仪

图 6　实时荧光定量 PCR 仪

【仪器操作】

以 Bio-Rad PCR 仪简易操作为例。

（1）接通仪器电源，打开仪器开关，仪器自检后，显示主菜单。

（2）在 PCR 管中加入样品，把 PCR 管放入仪器中，关上盖子，准备开始实验。

（3）检查主菜单中状态是否为“Block is idle”，选择“RUN”。然后选择需要运行的程序，点击“ENTER”确定选择并继续。

（4）选择运行的程序：点击箭头键选择一个文件夹，然后点击向右箭头键选择此文件夹中的文件。选择“MAIN”文件夹可选择预设程序。点击“ENTER”确定并继续。

（5）选择运行模块（双 48 模块形式）：点击箭头键选择“BLOCK A”或“BLOCK B”。点击“ENTER”继续。

（6）输入样品体积：输入 1～50μL。

（7）选择“VIEW”键预览运行的程序（可选择操作）：点击向右箭头键选择“VIEW”，点击“ENTER”确定进行程序预览。点击“ENTER”向下翻页来预览程序，在程序最后一步再次点击“ENTER”返回。

（8）选择“RUN”开始运行：选择“RUN”，点击“ENTER”开始运行。

五、台式高速离心机

台式高速离心机属常规实验室用离心机，广泛用于生物、化学、医药等科研、教育和生产部门，适用于微量样品的快速分离合成。

【仪器原理】

当含有细小颗粒的悬浮液静置不动时，由于重力场的作用，悬浮的颗粒逐渐下沉，颗粒越重，下沉越快；反之，密度比液体小的颗粒就会上浮。微粒在重力场下移动的速度与微粒的大小、形态和密度有关，并且与重力场的强度及液体的黏度有关。像红细胞大小的颗粒，直径为数微米，就可以在重力作用下观察到它们的沉降过程。此外，物质在介质中沉降时还伴随有扩散现象。扩散是无条件的、绝对的。扩散与物质的质量成反比，颗粒越小，扩散越严重。而沉降是相对的、有条件的，要受到外力才能运动。沉降与物体质量成正比，颗粒越大，沉降越快。对小于几微米的微粒如病毒或蛋白质等，它们在溶液中成胶体或半胶体状态，仅仅利用重力是不可能观察到沉降过程的。因为颗粒越小，沉降越慢，而扩散现象则越严重。所以需要利用离心机产生强大的离心力，才能迫使这些微粒克服扩散产生沉降运动。离心就是利用离心机转子高速旋转产生的强大离心力，加快液体中颗粒的沉降速度，把样品中不同沉降系数和浮力密度的物质分离开。

【仪器操作】

（1）台式高速离心机的工作台应平整坚固，工作间应整齐清洁、干燥并通风良好。

（2）打开电源开关，指示灯亮。

（3）关电源开关。

（4）开启离心盖，将内腔及转头擦拭干净。

（5）装放称量一致的试管。

（6）关闭离心盖。

（7）设定时间。

（8）打开电源开关。

（9）调节调速旋钮置于所需转速。

（10）每次停机前，必须将调速旋钮置于最小位置，定时器置于零，再关电源开关。

（11）擦拭内腔及转头，关闭离心盖。

【注意事项】

1. 离心盖上不要放置任何物质，每次使用完毕，务必清理内腔和转头。

2. 台式高速离心机如较长时间未使用，在使用前应将离心机盖开启一段时间，干燥内腔。

3. 电机的碳刷在使用 3000h 后，应及时更换，以免磨损整流子。
4. 台式高速离心机经长期使用，磨损属正常现象。

六、比色分析法及 721-B 型分光光度计

相较于重量分析法和容量分析法，比色分析法能测定极微量的物质。并且比色分析法的操作过程较简便，是生物化学与分子生物学实验中最常用的一种定量方法，也是目前临床生化检验中常用的定量方法。

【仪器原理】

光是由光子组成的，光线就是高速向前运动的光子流，光的本质是一种电磁波，传播过程呈波动性质，具有波长和频率的特征。将电磁波按波长由短到长的顺序排列起来，为γ射线＜X 射线＜紫外线＜可见光＜红外线＜无线电波。

可见光是人肉眼可见光线，波长为 400～700nm，波长在 200～400nm 的光为紫外线，波长大于 760nm 的光线称为红外线。可见光区的电磁波因波长不同而呈现不同的颜色，称为单色光，单色光为一定波长范围内的光，如太阳光及钨丝灯发出的白光，是各种单色光的复合光，利用棱镜可将白光分成各种单色光，即红、橙、黄、绿、青、蓝、紫等，这就是光谱。

比色分析法是通过比较有色物质溶液颜色的深浅来测知该物质浓度的方法。有些被检测物质溶液本身就具有颜色，而有些物质虽不具有颜色，但是可于试样中加入某种适宜试剂，使其产生有色化合物。其颜色深浅与试样中该化学成分含量成正比。借助于分光光度计（图 7）将未知含量的有色溶液与已知含量的有色标准溶液进行比色，通过计算就可求出未知溶液的含量。其基本原理即根据朗伯（Lambert）定律和比尔（Beer）定律，比色分析法的计算公式也根据此两定律导衍而得。

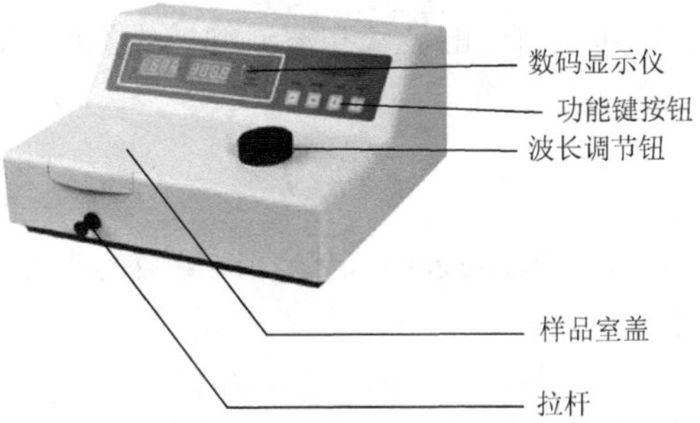

图 7　721-B 型分光光度计

朗伯定律：一束平行单色光通过一种有色溶液后，由于溶液吸收了一部分光，因此光线强度减弱。当溶液浓度（concentration，C）不变时，光透过的液层越厚，则光线强度减弱越显著，见图 8。

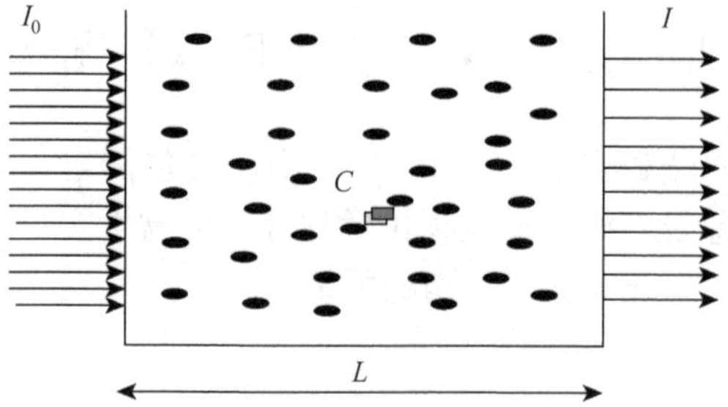

图 8　光路模型

I_0为光线通过溶液前的强度（入射光强度）；I为光线通过溶液后的强度（透过光强度）；L为溶液的厚度

I/I_0为光线透过溶液的程度，称为透光度（transmittance，T）。

朗伯定律证明：$-\lg I/I_0 \propto L$，即$-\lg T \propto L$，写成等式为$-\lg I/I_0 = K_1L$，$-\lg I/I_0 = \lg I_0/I$。令$\lg I_0/I$为吸光度（absorbance，A），或称为消光度，所以

$$A = K_1L \tag{1}$$

式中，K_1为常数，其数值与入射光的波长和溶液的性质有关。

比尔定律：一束单色光线通过一种有色溶液后，若溶液的厚度不变，其透过光的强度与溶液的浓度有关，溶液的浓度越大，光吸收越大，则透过光的强度越弱，它们的关系为

$$-\lg I/I_0 \propto C,\ -\lg I/I_0 = -\lg T = \lg I_0/I = A$$

故$A \propto C$，写成等式为

$$A = K_2C \tag{2}$$

K_2是常数，其数值随入射光的波长和溶液的性质不同而改变。

合并上述（1）（2）两式，得

$$A = KCL \tag{3}$$

这就是朗伯-比尔（Lambert-Beer）定律，即溶液的吸光度与溶液的浓度及液层厚度的乘积成正比。

在比色分析中，在相同条件下对两个性质相同而浓度不同的溶液进行测定，一个为已知浓度的标准溶液，另一个为未知浓度的溶液。例如，$C_{标}$为标准溶液

的浓度，$A_{标}$ 为标准溶液的吸光度，$C_{测}$ 为待测溶液的浓度，$A_{测}$ 为待测溶液的吸光度，根据朗伯-比尔定律，$A_{标}=K_{标}C_{标}L_{标}$，$A_{测}=K_{测}C_{测}L_{测}$，由于是同一类物质及相同光径，$K_{标}=K_{测}$，$L_{标}=L_{测}$，移项得 $C_{测}=A_{测}/A_{标}\times C_{标}$，此公式是比色分析常用的重要公式，只要再乘以样品的稀释倍数，就可以得该物质的含量。在以后的实验中要经常用到。

【仪器操作】

（1）使用前应检测仪器各部件是否正常，各旋钮应位于起始位置。

（2）检查电源电压是否与仪器要求相符。

（3）接通电源，打开样品盖，调节 0 电位钮，使电表指针与透光度（T）于 0 位，预热 10min。

（4）旋动波长选择钮，选择适当波长。

（5）取 3 只比色杯，分别装入空白液、标准液和测定液，依次放入样品架内。

（6）盖上样品室盖，将空白管置于光路上，调节 100 电位钮，使指针指到透光度为 100 位。

（7）打开样品室盖，使指针回到 0 位，再盖上样品盖看指针是否到 100 位。

（8）拉动比色杯拉杆，依次将标准液和测定液对准光路，分别读出吸光度。

（9）使用完毕后，切断电源。清洗比色杯并将其倒置于滤纸上晾干，以供下次使用。

七、微量移液器

【仪器原理】

微量移液器是生物化学与分子生物学实验室内必备的精密仪器。其构造以操作按钮、控制螺杆及活塞纵向连成一体，通过活塞上下移动控制取液过程。操作按钮下压时带动控制螺杆并使活塞向下移动，从而排出活塞腔内的气体，松开按钮的同时，弹簧复位且使活塞恢复原位，吸头吸入一定量的液体，再次压下按钮排出吸头内的液体就完成了一次取液操作。

微量移液器的分类：按照移液器的不同性能可分为手动和电动操作移液器；常量和微量移液器；固定体积和可调体积移液器；单道和多道移液器等。一套微量移液器往往包含 5 种不同量程的移液器（表 1），每一种移液器最大和最小量取体积见表 1。有三种吸头（俗称枪头）与移液器配套使用。白色吸头配套 P2、P20

移液器使用，黄色吸头配套 P100、P200 移液器使用，蓝色吸头配套 P1000 移液器使用。不同颜色吸头均应置于相应吸头盒内，消毒后备用。

微量移液器结构：不同厂家的移液器设计有所区别，一般包括操作按钮、体积调节轮、手柄、体积显示窗、控制螺杆、弹簧、活塞、密封圈、套筒（又称吸头连接圆锥）及吸头弹射器。活塞和活塞腔的气密性和抗疲劳性能往往决定了移液器的品质。

表 1　不同规格微量移液器的量程范围　（单位：μL）

型号	量程	最小体积	最大体积
P2	0.2～2	0.2	2
P20	0.5～20	0.5	20
P100	10～100	10	100
P200	20～200	20	200
P1000	200～1000	200	1000

【仪器操作】

微量移液器的操作规程：微量移液器的操作包括正向移液法和反向移液法两种，无论采用哪一种移液方法，均需用体积调节轮设定量取体积，并正确地安装吸头：手握移液器，稍用力往下压，前后左右旋转，使套筒与吸头之间紧密连接。以下所有操作过程中，移液器必须保持近似垂直状态。

1. 正向移液法

（1）操作按钮按至第一停点。

（2）移液器吸头尖插入液体样品液面下 2～3mm 处，慢慢松开按钮吸入液体。待吸入液体平衡后，移出移液器。

（3）移液器吸头放入容器内，尽可能使吸头尖下伸至容器最低处，并贴住容器内壁，轻轻压下操作按钮至第一停点排出液体。约 1s 后继续下压操作按钮至第二停点，待吸头内液体彻底排出后，移出移液器。

（4）松开按钮，使操作按钮回复至起点。

2. 反向移液法

本法适用于较高黏度或易起泡沫液体的移取。

（1）操作按钮按至第二停点。

（2）移液器吸头尖插入样品液面下 2～3mm 处，慢慢松开按钮吸入液体。待吸入液体平衡后，移出移液器。

（3）移液器吸头伸入容器内，尽可能使吸头尖下伸至容器最低处，并贴住容器内壁释放，轻轻压下操作按钮至第一停点排出液体，移出移液器。

【注意事项】

1. 漏液排查：吸液后，垂直放置 15s，观察吸头内月牙形液面是否下降。如果液面下降，首先更换吸头以排除吸头的问题，若更换吸头后液面仍旧下降，可能活塞密封圈或其他组件存在问题，应该请专业维修人员更换零件以排除故障。

2. 有些厂家生产的移液器易于拆卸、清洗和组装。可定期用蒸馏水清洗擦拭套筒、活塞和密封圈。降低交叉污染的可能性，并延长移液器的使用寿命。

3. 定期校验移液器的性能：较长时间使用后，由于移液器的控制螺杆松动等原因，实际量取体积与设定体积间的差异超出可允许范围，需要送专业维修公司进行移液器校正。一般每半年或一年校验一次。

八、数显恒温水浴锅

恒温水浴锅主要用于蒸发、干燥、浓缩及恒温加热。现以数显恒温水浴锅为例介绍恒温水浴锅的使用操作方法及注意事项。

【仪器原理】

恒温水浴锅内放置水平的不锈钢管状加热器，水槽的内部放有带孔的铝制搁板。水浴锅一侧有放水管，另一侧是电气箱。电气箱前面板上装有温度控制仪表、电源开关。电气箱内有电热管和传感器。传感器可以将水槽内水的温度转换为电阻值，经过集成放大器的放大、比较后，输出控制信号，有效地控制电加热管的平均加热功率，使水槽内的水保持恒温。当被加热的物体要求受热均匀，温度不超过 100℃时，可以用水浴加热。水浴锅通常用铜或铝制作，有多个重叠的圆圈，适于放置不同规格的器皿。

【仪器操作】

（1）仪器应置于水平台面上，轻轻摇晃检查以确保其稳定性。

（2）使用时打开盖子，里面有加热管，使用的时候，往里面加水（蒸馏水）至浸没里面的加热管。

（3）接通电源，设定温度：按“SET”键可设定或查看温度设定值，按一下“SET”键，温度显示字符开始闪动，表示仪表进入设定状态；此时，按“▽”设定值减小，按“△”设定值增加，常按住“△”“▽”键数字快速增减变动。到达设定数值时，再次按“SET”键，仪表回到正常工作状态。

（4）温度设定完毕，加热工作开始，绿色指示灯亮。温度显示当前温度值，达到设定温度时，进入恒温状态，红色指示灯亮；如果要锅内水温达 100℃，作沸水蒸馏用时，可将调节旋钮调至终点。

（5）工作完毕，将温控旋钮、增减器置于小值，切断电源。

【注意事项】

1. 为避免烧坏电热管，水位高度应低于电热管，但也不能加的太满，以免沸腾时水外溢。

2. 加水之前切忌打开电源开关，以防止烧毁电热管。

3. 用纯化水，防止水垢的生成。

4. 若水浴锅长时间不用，应将水排净晾干。

5. 仪器远离高电压、大电流、强磁场、带腐蚀性气体环境下使用，以免仪器受干扰、损坏及发生触电危险。

6. 水浴锅外壳接地。

九、超净工作台

超净工作台（图 9）是一种局部净化设备，提供无尘无菌的超净工作环境，超净空气有一定的流速，可防止附近空气进入操作区而引起污染。其主要由空气过滤装置、紫外杀菌装置和操作台三部分组成。

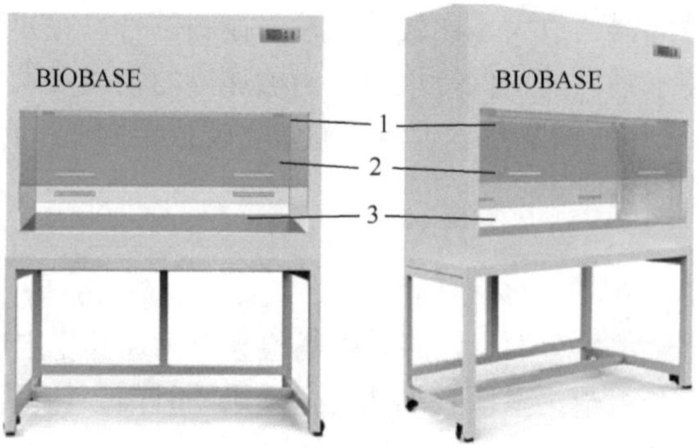

图 9　超净工作台

1. 紫外线灯、照明灯；2. 玻璃挡板；3. 工作台面

【仪器原理】

在特定的空间内，室内空气经预过滤器初滤，由小型离心风机压入静压箱，再经空气高效过滤器二级过滤，从空气高效过滤器出风面吹出的洁净气流具有一定的和均匀的断面风速，可以排除工作区原来的空气，将尘埃颗粒和生物颗粒带走，以形成无菌、高洁净的工作环境。

【仪器操作】

（1）检查超净工作台操作环境如环境温度、空气质量、电源等，登记使用信息。

（2）将实验需要的器材摆放到超净工作台面上，将培养基等灭过菌的材料放左侧，实验需要的工具放右侧。

（3）将玻璃挡板拉下，开启紫外线灯照射 30min 进行表面灭菌。

（4）30min 后关闭紫外线灯，打开风机调节至适当的风量，打开照明灯。

（5）打开玻璃挡板至约 20cm 高，两只手在操作台内可以顺利操作，用 75%乙醇擦拭双手和台面。

（6）点燃酒精灯，操作过程严格遵循无菌操作规范。

（7）操作完成后将实验器材清理出无菌操作台，用 75%乙醇擦拭台面，关闭照明、风机和挡板。

（8）开启紫外线灯，照射 15min 后关闭紫外线灯。

【注意事项】

1. 超净工作台内严禁长时间存放物品。
2. 紫外线对皮肤和视网膜有很强的刺激性，应避免紫外线直射，单层玻璃即可有效阻挡紫外线。
3. 操作过程应严格遵守无菌操作规范。
4. 避免频繁开关紫外灯管和照明灯管，以延长灯管的使用寿命。
5. 定期检查空气滤网等滤材，老化严重时应更换。

十、高压蒸汽灭菌锅

该设备是对医疗器械、玻璃器皿、溶液培养基等进行消毒灭菌的理想设备。

【仪器原理】

在密闭的蒸锅（图 10）内，其中的蒸汽不能外溢，压力不断上升，使水的沸点不断提高，从而锅内温度也随之增加。在 0.1MPa 压力下，锅内温度达 121℃。在此蒸汽温度下，可以很快杀死各种细菌及其高度耐热的芽胞。

【仪器操作】

（1）首先检查锅内蒸馏水量是否充足。仪表盘上高水位指示灯是否亮起，否则应及时加水。在外层锅内加适量的水，以水面与三角搁架相平为宜。

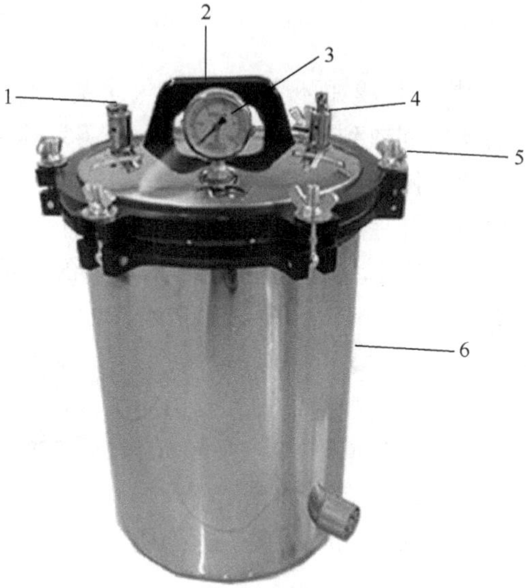

图 10　高压蒸汽灭菌锅

1. 安全阀；2. 锅盖扶手；3. 压力表；4. 放气阀；5. 燕尾螺丝；6. 高压锅桶

（2）检查每个阀门及开关是否工作正常。

（3）将待灭菌的物品用一层牛皮纸、或两层报纸或锡纸包好，一定要包完整。溶液瓶和装 EP 管的器皿要轻微开口。放入锅内，物品与物品之间一定要有空隙。

（4）盖好锅盖，螺母对称拧紧，打开放气阀，关闭安全阀。在表盘上设定温度 121℃、时间 25～30min，开始加热。

（5）待温度上升到 90℃时，及时关闭放气阀。

（6）灭菌结束后，让其自然冷后（50℃以下）再慢慢打开排气阀以排除余气，然后才能开盖取物。

【注意事项】

1. 锅内的水必须用蒸馏水或纯化水。
2. 待灭菌的物品放置不宜过紧。

3. 锅盖螺母必须对称拧紧。

4. 必须将冷空气充分排除，否则锅内温度达不到规定温度，影响灭菌效果。

5. 灭菌完毕后，不可放气减压，否则瓶内液体会剧烈沸腾，冲掉瓶塞而外溢甚至导致容器爆裂。须待灭菌器内压力降至与大气压相等后才可开盖。

十一、pH 计

pH 计（图 11）是用来检测溶液酸碱度的仪器。pH 计是一种常见的分析仪器，广泛应用在农业、环保和工业等领域。

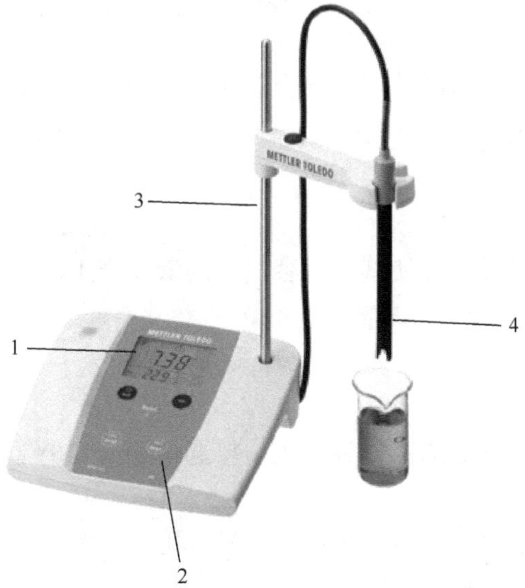

图 11　pH 计

1. 数据显示屏；2. 调节按钮；3. 电极架；4. pH 电极

【仪器原理】

pH 计是利用原电池的原理工作的，原电池的两个电极间的电势依据能斯特定律，既与电极的自身属性有关，还与溶液里的氢离子浓度有关。原电池的电势和氢离子浓度之间存在对应关系，氢离子浓度的负对数即 pH。

【仪器操作】

（1）首先检查电池状态，持续按“ON/OFF”键直到显示屏启动，所有数据在显示屏显示 1s 之后显示电池的电量。

（2）进行检测，将电极插入待检测样品，轻轻搅拌等待数字稳定，显示屏的稳定指示符消失时为稳定的测量值。

（3）按“ON/OFF”键关机。

【注意事项】

1. 测量前需校准仪器（显示屏显示“CAL”）。

2. 如果连续测量不同样品的 pH，需仔细冲洗电极，以避免交叉污染。清洗完后最好用待测液润洗。

十二、涡 旋 仪

涡旋仪主要用来混匀样品，其混合速度快、彻底，广泛应用于院校和科研单位的实验室作混合之用。

【仪器原理】

涡旋仪是利用偏心旋转使试管等容器中的液体产生涡流，从而达到使溶液充分混合的目的。

【仪器操作】

（1）将仪器放在平稳的工作界面上，接通电源（220V，50Hz），打开电源开关，指示灯亮。

（2）仪器可用于混合液体介质：点动模式用于单个试管的振荡；连续模式用于单个或多个试管的振荡。

（3）实验结束后拔下插头，以保证安全。

【注意事项】

1. 本仪器无须特别维护。一般只会出现零部件的自然磨损及磨损后可能的偶然统计失效。

2. 仪器在清洁前须断开电源。

3. 仪器应存放于干燥、通风、无腐蚀气体的地方。

4. 工作台面上不要堆放重物。

分子生物学实验技术无菌操作原则

（1）环境要清洁，进行无菌操作前半小时，须停止清扫地面等工作。避免不必要的人群流动，防止尘埃飞扬。操作室应每天用紫外线消毒一次。

（2）在执行无菌操作时，必须明确物品的无菌区和非无菌区。

（3）执行无菌操作前，先戴帽子、口罩，洗手，并将手擦干，注意空气和环境清洁。

（4）夹取无菌物品，必须使用无菌持物钳。进行无菌操作时，凡未经消毒的手、臂，均不可直接接触无菌物品或超过无菌区取物。

（5）无菌物品必须保存在无菌包或灭菌容器内，不可暴露在空气中过久。无菌物与非无菌物应分别放置。无菌包一经打开即不能视为绝对无菌，应尽早使用。凡已取出的无菌物品虽未使用也不可再放回无菌容器内。

（6）无菌包应按消毒日期顺序放置在固定的柜橱内，并保持清洁干燥，与非灭菌包分开放置，并经常检查无菌包或容器是否过期，其中物品用量是否适当。

（7）无菌盐水及乙醇、新洁尔灭棉球罐每周消毒一次，容器内敷料如干棉球、纱布块等不可装得过满，以免取用时碰在容器外面而被污染。

分子生物学实验无菌操作技术及注意事项

一、玻璃器皿的消毒和清洁

1. 新购玻璃器皿的处理

新购玻璃器皿应用热肥皂水洗刷，流水冲洗，再用 1%～2%盐酸溶液浸泡，以除去游离碱，再用水冲洗。对容量较大的器皿如试剂瓶、烧瓶或量具等，经清水洗净后应注入浓盐酸少许，慢慢转动，使盐酸布满容器内壁数分钟后倾出盐酸，再用水冲洗。

2. 污染玻璃器皿的处理

一般试管或容器可用 3%煤酚皂溶液或 5%石炭酸浸泡，再煮沸 30min，或在 3%～5%漂白粉澄清液内 4h，有的也可用肥皂或合成洗涤剂洗刷使尽量产生泡沫，然后用清水冲洗至无肥皂为止。最后用少量蒸馏水冲洗。

细菌培养用的试管和培养皿可先行集中，用 98kPa 高压灭菌 15～30min，再用热水洗涤后，用肥皂洗刷，流水冲洗。

吸管使用后应集中于 3%煤酚皂溶液中浸泡 24h，逐支用流水反复冲洗，再用蒸馏水冲洗。

油蜡沾污的器皿，应单独灭菌洗涤，先将沾有油污的物质弃去，倒置于吸水纸上，100℃烘干半小时，再用碱水煮沸，肥皂洗涤，流水冲洗。必要时可用二甲苯或汽油去油污。

染料沾污的器皿，可先用水冲洗，后用清洁或稀盐酸洗脱染料，再用清水冲洗。因为一般染色剂呈碱性，所以不宜用肥皂的碱水洗涤。

玻片可置于 3%煤酚皂溶液中浸泡，取出后流水冲洗，再用肥皂或弱碱性溶液煮沸，自然冷却后，流水冲洗。被结核杆菌污染或不易洗净的玻片，可置于清洁液内浸泡后再冲洗。

二、无菌器材和液体的准备

将玻璃器具中的培养皿、培养瓶、试管、吸管等按上述方法洗净烘干后，用一洁净纸包好瓶口并把吸管尾端塞上棉花，装入干净的铝盒或铁盒中，于120℃的干燥箱中干燥灭菌2h，取出备用。对于手术器械、瓶塞、工作服及新配制的PBS洗液，则采用高压蒸汽灭菌法，即在0.2MPa的条件下，加热20min。而对于MEM（minium Eagle's medium）培养液、小牛血清和消化液等需用G5或G6滤器负压抽滤后使用。

三、无菌操作过程

在无菌操作过程中，最重要的是要保持工作区的无菌、清洁。因此，在操作前20～30min要先启动超净工作台和紫外线灯，并认真洗手和消毒。在操作时，严禁喧哗，严禁用手直接拿无菌物品，如瓶塞等，而必须用消毒的止血钳、镊子等。培养瓶应在超净工作台内操作，并且在开启和加盖瓶塞时需反复用酒精灯烧。对于吸管应先用手拿后1/3处，戴上胶皮乳头，并用酒精灯烧烤之后再吸液体。

四、常用清洁液的配制方法

（1）重铬酸钾清洁液：可根据不同需要，选用下列的任何一种浓度。先将重铬酸钾溶于水中，再慢慢加入浓硫酸。注意，此时可产生高热，应防止容器破裂。重铬酸钾清洁液的除污力强腐蚀性大，应避免接触皮肤和衣服。为防止吸收空气的水分而变质，此液应贮存于带盖的容器中。如清洁效力较差，可再加入少量重铬酸钾及浓硫酸，还可继续使用。直到液体变蓝绿色，即不能再用。配制重铬酸钾清洁液时，宜用耐高温的陶瓷缸、耐酸搪瓷或塑料容器。使用玻璃器皿时，应特别注意防止产生高热而破裂，切忌用量筒来配制。

（2）磷酸三钠溶液：将其配成5%～10%水溶液，可用于洗涤玻璃器皿上的油污，但经常使用会腐蚀玻璃，使器皿表面模糊、毛糙。

（3）硝酸清洁液：将其配成50%水溶液，可用于清洁微量滴定管。

（4）乙二胺四乙酸二钠：将其配成5%～10%水溶液，可洗脱黏附于玻璃器皿内壁的白色沉淀物。

（5）尿素溶液：尿素是溶解蛋白质的良好溶剂，适用于洗涤黏附有血液的容器。

实验报告格式与内容

实验报告封面

选课班级________________________

行政班级________________________

学　　号________________________

序　　号________________________

姓　　名________________________

指导教师________________________

正文部分

实验时间：	实验地点：	指导教师：
实验名称：		
实验目的：		
实验原理：		
实验试剂与仪器：		
实验操作：		

实验结果：
实验分析：
实验结论：
思考题：